KB057660

추리력 퍼즐

ATAMA NO TAISO BEST

by TAGO Akira

Copyright © 2009 TAGO Akira

All rights reserved.

Cover & text illustrations: Ryotaro Mizuno

Editorial cooperation: Shigeyoshi Fukushima

Originally published in Japan by KOBUNSHA CO., LTD., Tokyo.

Korean translation rights arranged with KOBUNSHA Co., LTD., Japan

through THE SAKAI AGENCY and BC Agency.

IQ 148을 위한

GENIUS
추리력 퍼즐
PUZZLE

다고 아키라 지음 · **지형범** 감수

보누스

머리말

발상을 전환해
난제를 돌파한다

저는 첫 퍼즐 책을 세상에 선보인 이래 40년이 넘는 세월 동안 매일매일 여러 가지 새로운 퍼즐을 연구하며 하루하루를 보냈습니다. 물론 전 23권에 이르는 〈뇌 체조 시리즈〉에서 차례로 소개한 수수께끼와 퍼즐만 개발하며 살아온 것은 아닙니다. 그보다는 평소 제가 퍼즐에서 강조한 자유로운 발상과 창의적인 생각을 현실 사회나 기업, 개인이 직면한 상황에 응용해 문제를 해결하는 데 몸담아왔다고 하는 편이 적절할 것 같습니다. 실제로 지금도 저는 밤낮없이 보도되는 경제와 정치, 교육과 인생의 수많은 문제에 대해서 "여러분, 두뇌력을 더 많이 기르십시오."라고 끊임없이 제안하고 있으니까요.

생각해보면 지난 40년 동안 시대는 크게 변했습니다. 그중에서도 컴퓨터를 비롯한 다양한 매체의 발달은 40년 전에는 가히 예측할 수 없는 것이었습니다. 제가 만든 퍼즐 시리즈는 발행 부수가 누계 1,200만 부에 이릅니다. 그리고 이를 바탕으로 제작한 닌텐도 게임 〈레이튼 교수와 이상한 마을〉과 그 이후에 나온 〈레이튼 교수 시리즈〉도 일본, 한국, 유럽 등 세계 각국에서 인기를 끌고 있습니다. 또한, 닌텐도 게임 〈다고 아키라의 뇌 체조〉가 발매되면서 젊은 세대에게 반향을 일으키고 있습니다. 한편 중년층 사이에서 확산되었던 닌텐도 게임 〈두뇌 트레이닝〉도 〈뇌 체조 시리즈〉가 원전이라 할 수 있겠습니다.

저는 게임 기기의 매력을 인정하면서도 한편으로 책을 읽는 즐거움과 장점을 믿습니다. 책은 가벼워서 가지고 다니기 편리하고, 전원도 별다른 장치도 필요 없이 읽고 싶은 곳을 척 펼쳐서 볼 수 있습니다. 그뿐만 아니라 속독을 하거나 건너뛰며 읽을 수 있고, 페이지를 넘기는 즐거움도 있습니다. 이처럼 게임판의 원형에 해당하는 퍼즐의 매력을 다시 한 번 젊은이들에게 알려주고 싶어 이 책을 기획했습니다.

제가 만든 〈뇌 체조 시리즈〉에는 총 2,000개가 넘는 문제가 실려 있습니다. 어느 하나 뒤떨어지지 않는 명문제지만 그중에서 특히 '두뇌 훈련의 정수' '퍼즐의 걸작'이라고 인정받은 문제를 100개씩 엄선했습니다. 바로 그 결과물이 《추리력 퍼즐》과 《두뇌력 퍼즐》입니다. 생각지도 못한 발상의 전환을 요구하는 문제부터 '아하' 하는 탄성이 절로 나오는 창의적인 사고를 동원해서 푸는 문제까지, 한 문제 한 문제 풀 때마다 일찍이 애독자였던 기성세대도, 처음 접하는 젊은 세대도, 평소 사용하지 않았던 뇌의 일부가 갑자기 활동을 시작하는 듯

한 쾌감에 빠질 것입니다.

자, 어디부터라도 좋으니 가벼운 마음으로 책장을 펴십시오. 그리고 굳은 뇌를 풀어주고 생각하는 힘을 길러주는 《추리력 퍼즐》에 도전해보시기 바랍니다.

다고 아키라

1장

'입체사고'로
발상을 전환한다

으레 아주 단순한 방법으로 풀리겠거니 했는데 오히려 절대로 풀리지 않거나 상당한 시간이 걸리는 문제가 있다. 그런데 수평에서 입체로 혹은 다각도로 생각하는 발상 훈련을 하면 이런 문제에 맞닥뜨렸을 때 예기치 못한 '기발한 해결 방법'을 발견하는 일이 많다. 이처럼 시간·공간·차원 면에서 다른 방향으로 접근하는 것은 발상을 바꾸는 기본자세다.

어떤 세균이 있는데, 그 세균은 1분이 지나면 2개로 분열하고, 다시 1분이 지나면 각각 2개로 분열해서 총 4개가 된다. 이렇게 해서 세균 1개가 병을 가득 채우는 데는 1시간이 걸린다고 한다. 그런데 처음부터 세균 2개로 시작하면 병에 가득 차기까지 몇 분이 걸릴까?

answer 001

59분.

세균 1개에서 시작하면 2개가 되는 데 1분이 걸린다. 따라서 2개에서 시작한다는 것은 맨 첫 단계에 걸리는 1분이 절약되는 것에 불과하다.

[해설] '2=1+1'이라는 고정관념에 사로잡혀 있으면 '1시간의 절반이니 30분'이라는 오산을 할 수 있다. 이 문제는 '2는 1 다음에 오는 것'이라고 생각해야 이야기가 쉽게 풀린다. 만약 4개로 시작하는 경우라면, '4는 2 다음'이라 생각하면 된다. 이 퍼즐은 시점을 180도 바꾸어 창의적인 발상을 자극하는 준비운동 단계의 문제다.

폭이 100m인 강의 양 기슭에 두 지점 A와 B가 있다. 이때 A, B가 그림과 같은 위치에 있다면, 강의 어느 부분에 다리를 놓을 때 A에서 B까지 최단 거리가 되는가? 단, 강의 폭은 일정하며, 다리는 대각선 방향으로 놓을 수 없다.

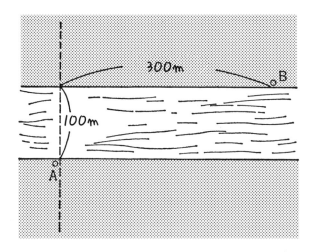

answer 002

그림과 같이 폭 300m인 다리를 놓고 대각선으로 건너면 A에서 B까지 최단 거리가 된다.

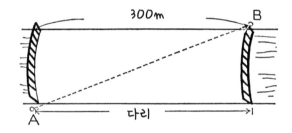

[**해설**] 다리 폭에는 제한이 없으니 현실적으로 이렇게 하는 것이 제시된 물음에 딱 맞는 해결책이다. 그런데 만약 다리의 폭이 기껏해야 10m나 20m라는 고정관념이 있으면 이러한 생각을 해낼 수 없다.

다음 그림에는 물을 채운 컵과 빈 컵이 나란히 놓여 있다. 컵의 위치를 아래 그림처럼 바꾸려면 최소 몇 번 움직여야 할까? 단, 컵은 한 번에 한 개씩만 움직일 수 있다.

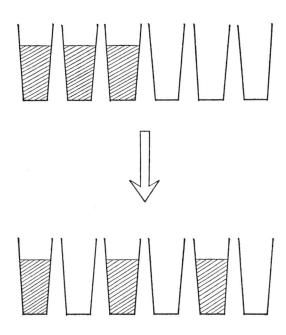

answer 003

한 번.
왼쪽에서 두 번째 컵의 물을 오른쪽에서 두 번째 컵에 옮겨 따른다.

[해설] 아주 간단히 풀 수 있는 문제인데도 머리를 조금도 쓰지 않아 크게 손해 보는 일이 종종 있다. 이 문제도 그렇다. 이와 유사한 사례는 일상생활에서 흔히 볼 수 있다. 가령 서점 책장의 중간쯤에 있는 책이 두 권 정도 팔려서 틈새가 생겼다고 치자. 점원은 그 공간을 메우기 위해서 틈새를 기준으로 오른쪽에 정리되어 꽂혀 있는 책 여러 권을 진열 순서 그대로 유지해 틈새 쪽으로 전부 옮겼다. 그런데 이때 진열 순서만 문제 되지 않는다면, 책장의 오른쪽 끝에 있는 책 두 권만 빼서 가운데 빈 공간에 끼워 넣으면 얼마나 능률적인가? 머리를 굴리지 않고 멍하게 습관을 되풀이하다보면 두뇌는 항상 같은 방향으로만 회전한다.

지휘봉 세 개를 그림과 같이 조합하면 다섯 곳에 직각이 생긴다. 이때 세 개의 지휘봉으로 180°보다 작은 각을 12개 만들려면 어떻게 배열 해야 할까? 단, 이때 지휘봉의 굵기는 무시한다.

아래 그림처럼 하면 된다.

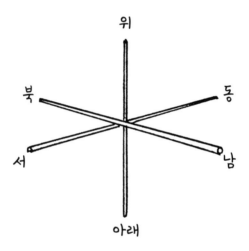

[**해설**] 사고를 평면에서 입체로 전환하기에 적절한 문제다. 이렇게 두뇌를 2차원에서 3차원으로 즉각 전환할 수 있도록 훈련해두면 당신의 두뇌 회로는 크게 확장된다.

어느 날 달걀 장수가 텅 빈 방바닥 위에 달걀을 4개 놓아두었다. 그리고 거대한 쇠롤러를 가지고 들어와 방 전체를 빈틈없이 구석구석 밀었다. 그런데 달걀은 하나도 깨지지 않았다. 그 이유는 무엇일까?

answer 005

달걀 4개를 각각 방의 네 모퉁이에 놓았기 때문이다. 이때 문제에 제시된 그림과 같이 큰 롤러로 밀면 벽과 롤러 사이에 뜨는 공간이 생겨서 달걀은 찌부러지지 않고 무사하다.

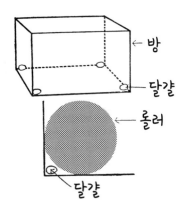

【해설】 깨지기 쉬운 달걀에 크고 무거운 쇠롤러, 거기에다 방 전체를 '빈틈없이'라고 하니 여기까지 들으면 달걀이 전부 다 찌부러질 것이라는 상상부터 먼저 하게 된다. 여기서 함정은 바로 이 '빈틈없이'라는 말이다. 그러면 만약 롤러 대신 큰 쇠공을 사용하면 어떻게 될까? 똑같이 '빈틈없이' 민다고 해도 이 경우는 네 모퉁이 구석뿐만 아니라 바닥과 벽면이 맞닿은 모서리라면 어디에 두어도 달걀은 깨지지 않는다.

좀처럼 양보하는 법이 없는 술꾼이 두 명 있다. 그리고 모양이 서로 다른 컵이 딱 2개 있는데 그중 하나에 술이 담겨 있다. 이 한 잔을 둘이 나누어 마시기로 했는데, 두 사람 다 절대 불평하는 일이 없도록 술을 나누려면 어떻게 해야 할까?

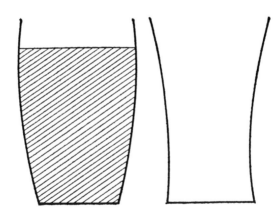

answer 006

먼저, 한 사람이 술을 두 잔으로 나눈다. 단, 스스로 어느 쪽을 선택해도 불만스럽지 않다는 생각이 들 때까지 차분하게 나눈다. 그다음, 다른 한 사람이 그 두 잔 중 자신이 마시고 싶은 것을 하나 고른다. 그리고 남은 한 잔의 술을 처음 술을 나눈 남자가 마시면, 양쪽 모두 불평할 까닭이 없다.

[해설] 어떤 것이 공평한가 그렇지 않은가에 대해 우리는 평소 어떻게든 객관적으로만 재려고 든다. 하지만 여기에서 '불평하는 일이 없도록'이라는 말로 표현된 일종의 공평함이란 두 사람의 지극히 주관적인 판단에 따른 것이다. 이러한 경우 현상을 그저 곧이곧대로 파고들어서는 해결되지 않는다. 이 사례에서는 두 사람의 속내를 문제삼아야 한다. 당신의 머릿속에는 이처럼 겉으로 드러나지 않는 부분에 의문을 제기하는 사고 회로가 갖춰져 있는가?

그림처럼 앞면이 쇠창살로 만들어진 직육면체 우리가 있다. 이 안에서 개 한 마리와 원숭이 한 마리가 함께 살도록 하려는데 사이가 나빠서 싸움이 끊이지 않는다. 그래서 서로 상대방 머리에 맞부딪히지 않도록 끈으로 묶어 놓으려고 한다. 단, 가능한 한 두 마리의 행동반경이 최대한이 되도록 하고 싶다. 한편 만약 아래 그림처럼 묶어두면 빗금 친 부분처럼 활용하지 못하는 공간이 생긴다. 두 마리가 서로 맞부딪히지 않되 이렇게 쓸모없는 공간도 생기지 않는 좋은 방법이 없을까? 단, 파티션으로 공간을 분리하는 것은 생각하지 않는다.

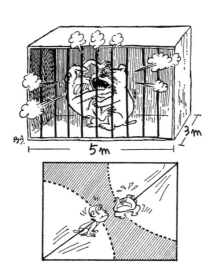

answer 007

아래 그림과 같이 10m가 조금 안 되는 길이의 끈을 쇠창살의 한끝에서 다른 한끝까지 끼워 걸고, 그 끈의 양 끝에 각각 개와 원숭이를 묶어둔다. 그러면 두 마리는 서로 박치기할 일도 없고 쓸모없는 공간도 생기지 않으니 모든 조건이 충족된다. 그림 (1)과 같이 한쪽의 행동 범위가 넓어지면 다른 한쪽은 좁아진다. 또한 그림 (2)를 보면 알 수 있듯이 두 동물이 한가운데서 맞부딪힐 일도 없다.

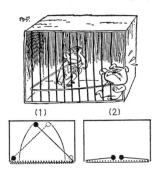

(1)   (2)

[해설] 상식적으로 생각하면 양쪽이 머리를 맞부딪히지 않게 하라는 조건과 활용하지 못하는 공간을 없애라는 조건은 서로 모순된다. 하지만 잘 생각해보면 맞부딪히는 조건이란 양쪽 끈 길이의 상대적 관계에 따라 결정된다. 즉, 양쪽 끈 길이의 합이 문제가 되는 것이다. 이와 같이 두뇌를 회전한 끝에 문득 스치는 무언가가 바로 새로운 사고의 회로를 여는 계기가 된다.

도쿄에 있는 다고 박사의 집에 아래와 같은 엽서가 날아들었다. 이 엽서를 보낸 사람은 어느 나라에 살고 있는지 추리해보라.

From
Dr. X
4343 JBL
NEW YORK
U.S.A.

J.S.A.
NEW
U.S. POSTAGE

Dr. Tago
1-1-1 Nakano
Tokyo, Japan

AIR MAIL

answer 008

일본.

소인은 우표 밖까지 이렇게 찍히는 것이 맞다.

[**해설**] 우표를 보면 U.S. POSTAGE라고 되어 있으니 이것은 미국 우표다. 여기에 소인까지 USA, NEW YORK이니 이것은 미국에서 온 엽서라고 섣불리 생각하기 쉽다. 하지만 다시 한 번 문제 속 우표를 잘 살펴보자. 소인이 우표에만 찍혀 있다. 이것은 분명히 누군가가 이미 사용한 우표를 뜯어내어 엽서에 붙여서 다고 박사의 집 우편함에 직접 넣은 것이다. 그 밖에 AIRMAIL(항공우편) 등의 문구도 혼선을 주기 위해 의도적으로 적어 넣었다고 볼 수 있다.

소를 10마리 키우는 사람이 있다. 그런데 소 10마리의 머리와 몸의 생김새가 다 똑같아 보여 구별이 되지 않는다. 그래서 한눈에 분간할 수 있도록 낙인을 찍기로 했다. 여기에 0부터 9까지 모두 10개의 낙인용 인두가 있다면 최소로 필요한 인두는 몇 개일까?

한 개.

찍는 위치와 각도를 달리해서 낙인을 찍으면 한 개로 충분히 구분을
지을 수 있다.

[**해설**]   머릿속 회로도 계속 같은 부분만 사용하면 녹이 슨다. 항상
한발 더 나아가 생각하는 노력을 게을리하지 말자.

PUZZLE 010

구성원이 15명인 학급에서 비상연락망을 만들었다. 이때 전화를 한 번 거는 데 1분이 걸린다고 치자. 그러면 그림과 같은 방법으로 연락을 취했을 때 연락을 시작한 시점부터 맨 마지막 사람에게 전달이 끝날 때까지 7분이 걸린다. 이 시간을 조금 더 단축할 수 있도록 연락망을 바꿀 수 있을까?

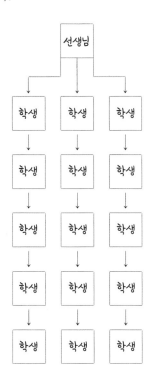

바꿀 수 있다.

아래 오른쪽 그림처럼 바꾸면 4분 만에 모든 구성원에게 전달이 끝난다. 그림에서 숫자는 연락이 시작되고 나서 도착하기까지 걸리는 시간을 분 단위로 보여준다.

'문제'에서 제시한 방법   해답

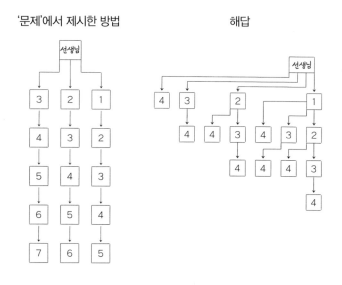

> **[해설]** 가설을 생각해내고 시간을 들여 검증하는 태도가 창의력의 출발점이다.

가로 3cm, 세로 2cm인 직사각형 판 4개를 사용해서 한 변이 2cm인
정사각형을 2개 만들어라.

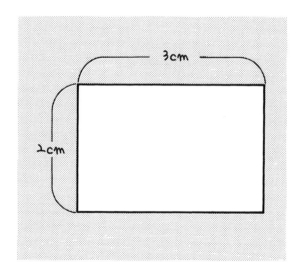

그림과 같이 사각기둥을 만들면 한 변이 2cm인 정사각형이 위아래로 2개 생긴다.

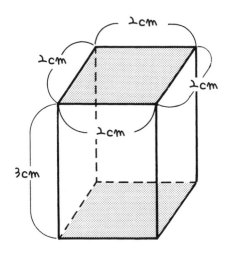

[**해설**] 평면 위에서 이리저리 돌리다 보면 정사각형 1개까지는 금세 만들 수 있지만, 2개는 절대 만들 수 없다. 그야말로 평면사고에서 입체사고로 전환이 필요한 문제다.

PUZZLE 012

1분

두 형제 도준이와 민준이는 학교에서 돌아오면 항상 간식을 먹는다. 오늘도 엄마는 간식으로 바나나 1개(150g)와 사과 1개(280g), 그리고 딸기 8개를 준비해서 반씩 나누어 주려고 했다. 그런데 민준이가 친구를 한 명 데리고 오는 바람에 이것을 3인분으로 나누게 되었다. 각 과일의 양과 모양이 같도록 누가 봐도 수긍이 가게끔 평등하게 3등분할 수 있을까?

35

answer 012

할 수 있다.

바나나, 사과, 딸기를 갈아서 주스로 만들면 된다. 이렇게 하면 바나나, 사과, 딸기의 혼합 주스가 완성된다.

[해설] 고체에서 액체로, 또 액체에서 기체로 바꿔 생각하는 것은 두뇌의 힘을 기르는 기본 태도이다.

1층과 6m 위에 있는 2층 사이에 상행과 하행 에스컬레이터를 설치하려고 한다. 이때 에스컬레이터 계단 한 칸의 높이를 약 30cm로 만들면 계단 수는 상행 에스컬레이터에 앞뒤로 40칸, 하행 에스컬레이터에 앞뒤로 40칸, 총 80칸이 필요하다. 그런데 거의 그 절반의 계단 수로 상행과 하행의 에스컬레이터를 만들려면 어떻게 해야 할까?

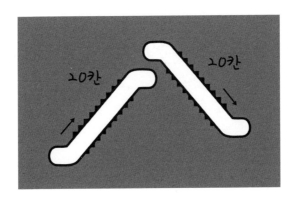

answer 013

그림처럼 에스컬레이터를 도넛 모양으로 만들면 된다. 이러한 형태의 에스컬레이터는 실제로 일본 요코하마의 랜드마크타워(요코하마의 초고층 복합빌딩)에 설치되었다.

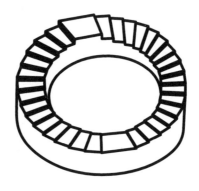

[해설] 이러한 형태의 에스컬레이터를 '나선형 에스컬레이터'나 '곡선형 에스컬레이터' 혹은 '스파이럴 에스컬레이터'라 부르는데, 일본 쓰쿠바시의 크레오 스퀘어 쇼핑센터에 설치되었다. 이후 좌우 난간의 움직임이 살짝 어긋나는 문제가 있어 리뉴얼하면서 사라졌지만, 이처럼 새로운 발상을 실제 신기술에 활용하는 것은 반가운 일이다.

5분

한 일식집의 유리 미닫이문에 아래 그림과 같이 이상한 문양이 그려져 있다. 얼핏 보면 아무 뜻 없어 보이는데 가게 주인에게 물어보니 기능성이 탁월한 문양이라고 한다. 과연 이것은 무엇을 뜻할까?

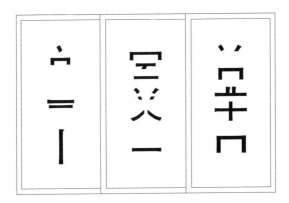

미닫이문을 열어 세 장의 유리문이 겹치면 '営業中'(영업중. 일본식 표기 –역주)이라는 한자가 나타난다.

> **[해설]** 유리가 겹치지 않을 때, 즉 미닫이문이 닫혀 있을 때는 営業中이라는 글자가 사라지니 손님이 잘못 보고 들어올 일이 없다. 그런 의미에서 상당히 기능적이다.

사내 결혼을 한 태환 씨 부부는 지금도 같은 회사에 다니고 있다. 부부의 집은 A역과 B역의 딱 중간 지점에 있고 부부는 역까지 자전거를 이용해서 가는데, 매일 아침 남편은 A역으로 가고 아내는 B역으로 간다. 그런데 어느 역으로 가든 결국 같은 전차를 타게 된다. 이렇게 하는 이유가 함께 있는 것을 들키고 싶지 않기 때문은 아니다. 그리고 이 둘은 회사에서 서로 자전거 열쇠를 교환해서 퇴근할 때는 거꾸로 남편이 B역에서, 아내가 A역에서 출발해 귀가한다고 한다. 그렇다고 도중에 어딘가에 들르는 것도 아니고 이는 전차의 운행표와도 관계가 없다. 그렇다면 이들은 대체 어떤 이유에서 이렇게 하는 것일까? 한편 아내는 이렇게 한 덕분에 회사에 편하게 다니고 있다고 한다.

지형이 A역에서 B역 방향으로 내리막이라 두 역의 중간 지점에 있는 집에서 A역 방향으로는 오르막길, B역 방향으로는 내리막길이다. 그래서 주어진 문제와 같이 하면 아내는 항상 자전거로 내리막길을 달리게 되어 출퇴근이 편했던 것이다.

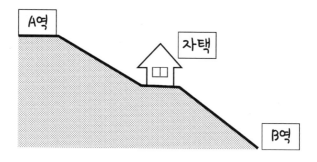

[해설] 자칫 이상해 보이는 행동도 당사자들에게는 합리적인 이유가 있기 마련이다. 길이 평평하거나 내리막이면 편하게 달릴 수 있지만 오르막에서는 상당히 힘들다는 자전거의 특징과 아내의 발언을 고려해서 맞춰보면 답을 유추하기는 어렵지 않다.

큰 가방 4개와 작은 가방 1개가 있다. 이때 큰 가방 1개의 무게는 작은 가방의 2배다. 이것을 세 사람이 동시에 나를 때 셋이 공평하게 들려면 그림과 같이 하면 된다. 그렇다면 큰 가방 5개를 공평한 무게로 셋이 들려면 어떻게 해야 할까?

answer 016

큰 가방 5개를 쌓아 올려서 셋이 한꺼번에 든다.

[해설] 답을 보고 '반칙'이라며 분개했는가? 문제에 따라서 깜짝 놀랄 만큼 기발한 답이 있는가 하면 무식해 보일 만큼 직설적인 답도 있다. 그런데 사실 가장 단순한 설명으로 문제가 해결된다면 그것이 정답이다.

2장

'비약사고'로
불가능한 것을 가능하게 하라

'가능할 리가 없다' '풀 수 없다'는 상황이 바로 두뇌를 단련할 절호의
기회다. 불가능을 가능으로 만드는 단서는 바로 그 불가능 속에 있
다. 왜 '안 되는지'를 끝까지 파고들다 보면 불가능의 본질이 보인다.
그리고 그 불가능의 본질을 뒤집으면 그것이 곧 정답이 된다. 그러한
비약적인 사고가 이루어질 수 있는지 테스트해보자.

종이 1장에 100원짜리 동전 크기의 구멍이 나 있다. 이때 종이를 찢지 않고 구멍에 500원짜리 동전을 통과시키려면 어떻게 해야 할까?

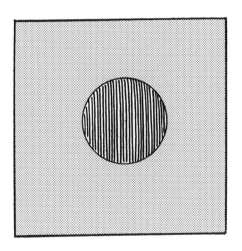

answer 017

종이를 접어서 좌우로 잡아당겨 원을 타원형으로 만들면 500원짜리 동전을 쉽게 통과시킬 수 있다.

> **[해설]** '구멍을 통과시킨다'는 것은 2차원, 즉 평면 세계에서가 아니라 3차원, 즉 입체 세계, 공간의 세계에서다. 따라서 우리는 평면도형의 성질을 가진 '원' 모양의 500원짜리 동전을 그대로 입체 세계로 가지고 들어가서 '구'라 생각하기 쉽다. 물론 지름이 500원짜리 동전만 한 구라면 구멍을 통과시킬 수 없다. 하지만 500원짜리 동전은 구가 아니라 얇은 원반 형태라는 사실을 명심하자. 그러면 종이를 늘려서 생긴 타원 속을 아주 여유 있게 통과할 수 있음을 알게 된다.

한 남자가 폭이 겨우 80cm에다가 양옆이 아찔한 절벽인 길 위에 홀로 남겨졌다. 더군다나 양손, 양발이 결박된 채 눈도 가려져 있어서 움직이려 해도 토끼뜀을 하는 방법밖에 없다. 그런데 그는 크게 다치지 않고 빠져나왔다. 그는 어떻게 빠져나왔을까?

answer 018

'양쪽이 아찔한 절벽'은 그림과 같은 상태다. 따라서 양쪽 바위에 부딪히는 것만 괜찮다면 양손, 양발이 묶인 채 눈이 보이지 않더라도 길을 따라 앞으로 나아가기란 그다지 어려운 일이 아니다.

[해설] 우리에게는 이따금씩 정반대의 것인데도 비슷한 양상을 띠는 것처럼 느껴지는 일이 있다. 이 문제 외에 또 어떤 비슷한 예가 있을까? 극단적으로 차가운 부젓가락이 아주 뜨겁게 느껴진다거나, 고속으로 도는 팽이가 멈춘 것처럼 보이는 것 등을 들 수 있다.

새 자동차를 갖게 된 한 효자가 어느 날 자신의 아버지를 태우고 드라이브를 갔는데 운이 나쁘게도 큰 사고를 냈다. 이로 인해 아버지는 즉사했으며, 아들 자신도 중상을 입고 병원으로 실려 갔다. 그런데 이 무슨 운명의 장난인지 수술을 하게 된 당직 외과의는 수술실에 들어오자마자 환자가 자신의 아들임을 발견하고는 너무도 놀란 나머지 결국 수술을 집도하지 못하고 친구 의사에게 대신 수술을 맡겼다. 이것이 대체 무슨 일인지 설명할 수 있겠는가? 단, 이들 사이가 의부나 양자 관계로 맺어진 것은 절대 아니며, 양쪽 다 분명히 같은 피가 흐른다.

그 외과의사는 아들의 어머니였다.

외과의사가 여성인 것이 이상한 일은 아니지 않은가?

[**해설**] 대개 외과의사는 남성, 사장 비서는 여성 등 직업에 따른 성별 고정관념이 형성된 경우가 많다. 따라서 먼저 그런 고정관념을 버리고 순수하게 주어진 문제 내용을 논리에 따라 바라볼 줄 아는 눈이 필요하다. 냉정하게 분석하면 '외과의사=부모=어머니'라는 답은 간단히 나온다.

그림과 같이 서커스 극장의 높은 천장에 그네용 밧줄이 2개 연결되어 있다. 그런데 이 밧줄 2개를 전부 없애야 할 일이 생겨서 곡예사는 밧줄을 타고 올라가 풀고 다시 잘 내려왔다고 한다. 대체 어떻게 밧줄을 풀고 내려온 것일까? 밧줄을 타고 올라간 후에는 반드시 한 손으로 밧줄을 잡아야 하기 때문에 다른 한 손만 자유롭게 쓸 수 있다. 그렇다 보니 푸는 작업은 문제가 없지만 묶는 작업은 불가능하다. 또한 지붕이나 벽을 탈 수도 없는 상황이고 도구도 일절 사용하지 않았다.

answer 020

타고 올라가기 전에 먼저 밧줄 2개의 아랫단을 서로 묶어서 연결해 놓는다. 그 후 그림처럼 왼쪽에 묶인 줄을 푼 다음, 왼쪽으로 줄을 내리고, 왼쪽으로 이동 후 오른쪽에 묶인 줄을 풀어낸다. 그 다음 두 줄을 한꺼번에 잡고 내려온다.

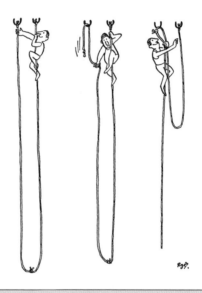

> **[해설]** 이 문제의 핵심은 일단 풀어놓은 밧줄을 다시 이용해 타고 내려올 때 이용한다는 점이다. 그런데 여기에서 풀었던 밧줄을 다시 이용하는 방향으로 머리를 쓰기란 좀처럼 쉽지가 않다.

유치원 참관수업에 갔는데 화장실 앞에 손 씻는 용도의 수도꼭지 6개 중 2개에 '어른용'이라는 덮개가 씌워져 있었고 나머지 4개에는 '어린이용'이라는 덮개가 씌워져 있었다. 선생님에게 물어보니 참관수업 날만 이렇게 해놓는다고 하는데, 6개의 수도꼭지에는 아무런 차이도 없으며 이는 혼잡하지 않게 하기 위한 것도, 위생 때문인 것도 아니라고 한다. 그렇다면 어째서 어른용과 어린이용을 구분해놓은 것일까? 단, 수도꼭지는 높이가 모두 같으며, 손잡이를 돌리는 방식이다.

혹시라도 어른이 평소의 힘대로 수도꼭지를 잠그면 힘이 약한 아이들은 수도를 틀지 못하는 경우가 있기 때문이다.

[**해설**] 관찰력이 있는 사람은 일상에서 사소하지만 특이한 것을 발견해낼 수 있다. 당신은 유치원의 '지혜'를 쉽게 찾아냈는가?

아라비아의 한 부호가 아들 둘을 불러서 말했다. "사막 한가운데의 오아시스까지 너희들의 애마를 타고 경주해보거라. 이긴 쪽 말에 내 전 재산을 걸겠다. 그런데 이건 보통 경주와는 다르단다. 느리게 달리는 시합이지. 따라서 늦게 도착하는 쪽 말이 이긴다." 이리하여 두 아들은 각각 자신의 애마에 올라타고 느림보 경주를 시작했다. 그런데 태양이 작열하는 사막이다 보니 둘은 초주검 상태가 되었다. 그러자 그곳을 지나던 현인이 이 경주를 빨리 끝낼 수 있는 명안을 귀띔해주었다. 그것을 들은 두 사람은 무언가 의논하더니 이번에는 쏜살같이 경주하며 내달렸다. 자, 이 명안은 무엇일까?

answer 022

두 사람이 애마를 서로 바꿔 타는 것이다.

아버지가 늦게 도착한 쪽의 말에 건다고 했으니 이렇게 하면 눈 깜짝할 사이에 일반적인 경주로 바뀐다.

[**해설**] 이 문제도 정면에서만 생각하는 융통성 없는 사고에 경고하고 있다. 항상 매사의 앞뒤를 생각하고 시점을 새롭게 바꿀 것을 권유한다. '자신의 말이 늦게 도착'하는 것을 뒤집어서 생각하면 '상대의 말이 빨리 도착'하는 것이다. 그리고 상대의 말을 빨리 도착하게 하려면 상대 말을 빨리 달리게 해야 한다. 그런데 상대에게도 이 조건은 완전히 똑같이 적용된다. 따라서 말을 바꿔 타는 것이 가장 현명한 방법이다.

5분

아래에 성냥개비로 만든 수식이 있다. 그런데 이것을 로마숫자로 정확히 읽으면 1+11=10이라는 뜻이다. 이 식이 올바르게 성립하도록 고치려면 최소한 몇 개의 성냥개비를 움직여야 하는가?

answer 023

0개.

이 그림 전체를 거꾸로 보면 X = IX + I, 즉 10 = 9 + 1이라는 뜻이 되므로 하나도 움직일 필요 없이 해결할 수 있다.

[해설] 주어진 수식을 I + IX = X 혹은 I + X = XI로 바꿔보고 싶겠지만, 그 시점에서 정말 이 방법밖에 없을까 하는 '의구심'을 갖는 자세가 중요하다. 보통 '최소한 몇 개 움직이면…'이라는 말을 들으면 '1개'를 최소라고 생각하기 쉽다. 하지만 여기에서는 아무것도 움직이지 않는 것이 '최소'다.

무게가 1톤이나 나가는 단단한 바위가 있다. 그런데 이 바위를 어떤 여성이 큰 망치로 두 동강을 내버렸다고 한다. 이 여성은 몸무게가 110kg이나 되며 완력도 표준 남성 이상으로 세다. 하지만 그렇다고 해도 무게가 1톤이나 되는 바위를 무슨 수로 깼을까? 물론 바위에는 잔금 하나 없었으며 다이너마이트나 기계 등은 사용하지 않았다.

두께가 얄팍한 1톤짜리 바윗돌의 정중앙을 때렸다.

[해설] 먼저 상식적으로 생각하면 불가능한 이야기다. 그녀가 마법을 썼거나 아니면 무언가 특별한 바위라는 생각이 들 것이다. 따라서 이 중 현실적인 방법을 생각해보면 된다.

PUZZLE 025

과학자인 내 친구 브래든 씨는 '과거에 진행 중인 사건'을 현재 직접 볼 수 있다고 한다. 그것이 어떻게 가능할까? 단, 비디오 등의 녹화장치는 전혀 사용하지 않았다.

멀리 있는 별을 보면 된다.

가령 안드로메다대성운을 보았다면, 안드로메다자리는 지구에서 약 250만 광년 떨어져 있으므로 우리는 약 250만 년 전에 일어난 사건을 현재 직접 보는 것이 된다.

[해설] 3차원에 시간의 개념을 보태면 4차원이 된다. 머지않아 우주 시대가 도래하면 이러한 4차원 발상이 필요해질 것이다.

컴퍼스를 사용하여 달걀 모양을 손쉽게 그릴 수 있을까?

answer 026

그릴 수 있다.

달걀도 화살표 방향에서 보면 타원보다 원에 가까운 모양이므로 그냥 원을 그리면 된다.

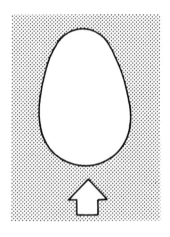

[**해설**] 콜럼버스는 달걀을 세울 때 깨트려 세웠다. 이는 발상을 전환하는 대표적인 예다. 이 문제도 달걀 모양을 평면으로만 인식해온 두뇌가 새로워지도록 할 것이다.

그림의 A는 0, B는 9, C는 6을 나타낸다. 그렇다면 D는 어떤 숫자
를 나타낼까?

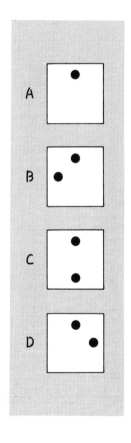

answer 027

3.

검은 점이 시계의 큰바늘과 작은바늘의 방향을 가리킨다. 위치가 변하는 검은 점에 유의한다.

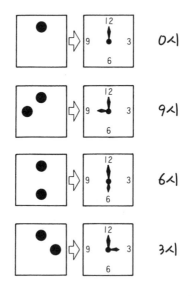

[**해설**] 디지털시계와 아날로그시계를 비교했을 때 어느 쪽에 더 친숙한가? 이렇게 물으면 아날로그라고 답하는 사람이 의외로 많다. 이처럼 무미건조한 숫자도 도형화하면 인상에 강하게 남는다.

대호는 보트를 이용해 돼지 석상을 먼 바다에 있는 배까지 운반해야 한다. 그런데 대호의 몸무게는 70kg, 돼지 석상은 100kg이고 이 보트는 150kg 이상 실으면 가라앉는다. 게다가 바다에는 식인 상어가 있다고 한다. 이 돼지 석상을 먼 바다에 있는 배까지 운반하기 위해서는 어떻게 해야 할까?

로프를 이용해 석상을 보트에 매달고 운반하면 된다. 물속에 있는 석상은 부력에 의해 가벼워져서 보트로 운반할 수 있다.

> **[해설]** 식인 상어가 있다는 조건 때문에 대호가 수영을 하는 것은 무리다. 그러면 남는 답은 하나뿐이다. 설마하니 돼지 석상을 잡아먹는 상어는 없을 것이다.

흰색과 검정색 말뚝이 그림과 같이 늘어서 있다. 이때 각 말뚝의 부피와 높이는 같다. 로프 1개로 말뚝 A에서 B까지 가능한 한 짧게 연결하려고 하는데, 로프는 검은색 말뚝에는 닿지 않되 흰색 말뚝에는 전부 닿아야 한다. 그러면 로프를 어떻게 연결하면 될까? 단, 로프는 헐거운 부분 없이 팽팽한 상태여야 한다.

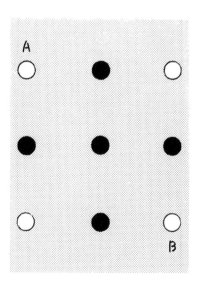

answer 029

로프를 그림처럼 말뚝에 여러 번 두르면 그 두께가 더해져 조건을 만
족할 수 있다.

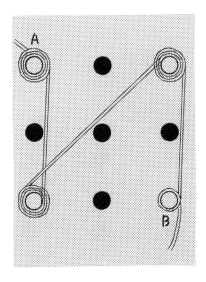

[해설] 팔락거리는 얇은 종이도 여러 겹 쌓이면 두꺼워진다. 보이
지 않을 정도로 가는 실도 둘둘 감으면 두꺼워진다. 이런 당연한 사
실을 응용해서 문제를 해결해보자.

그림과 같이 아주 미세한 틈을 두고 가까이 놓인 구슬이 있다. 1번 구슬을 치면 2번에 맞고 그 힘이 3번과 4번을 거쳐 5번으로 전달되며, 그럼 다시 5번이 흔들려서 4번에 맞고 그러면 이번에는 3번과 2번을 통해서 1번으로 전달되고 다시 1번이 흔들려서 2번에 맞는 것을 반복한다. 그런데 이때 3번 구슬만 흔들리게 하려면 어떻게 해야 할까?

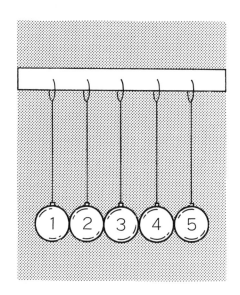

answer 030

3번 구슬을 옆쪽에서, 축의 둘레를 회전할 만큼 세게 튕기면 된다.

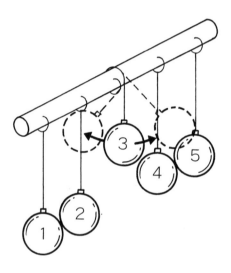

[**해설**] 단지 양옆으로만 흔들려고 할 게 아니라 축의 둘레를 회전
하게 하면 다른 구슬과 접촉을 피할 수 있다는 것을 알아냈는가?

PUZZLE 031

30초

탐험가 강현규 씨는 황야에서 혼자 캠프를 즐기는 취미가 있다. 그런데 컴컴한 밤에 텐트를 떠나 황야를 걸으면 좌우 분간이 안 될 만큼 어두워서 그는 반드시 손전등을 두 개 준비해 간다고 한다. 그런데 이렇게 두 개씩이나 준비하는 이유는 전지가 닳을 것을 염두에 둔 것이 아니라고 한다. 그렇다면 대체 무엇 때문일까?

answer 031

손전등 하나는 누구나 예상하듯이 걸을 때 앞을 비추기 위해서다. 그리고 다른 손전등은 불을 켠 채로 출발 지점인 텐트에 둔다. 그렇게 하지 않으면 자신이 돌아갈 방향을 잃어버리기 때문이다.

> **[해설]** 이것은 실제로 사막을 여행할 때 '상식'으로 통한다고 한다. 평상시 우리는 얼마나 많은 빛에 둘러싸여 생활하고 있는가? 당신은 평소 당연하다고 여긴 것으로부터 시점을 전환하는 데 성공했는가?

위에서 보면 정확히 이등변삼각형인 조각 케이크가 세 조각 있다. 이 것을 세 명이서 먹으려는데 친구 한 명이 더 와서 넷이서 나누어 먹게 되었다. 각자 같은 양으로 먹으려면 최소 몇 번 자르면 될까? 단, 크 림이나 딸기의 양 등은 생각하지 않아도 된다.

answer 032

한 번.

그림과 같이 모아놓고 자르면 한 번에 끝난다.

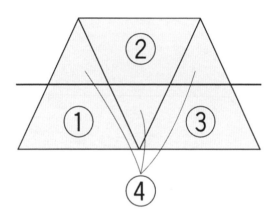

[해설] '최소 몇 번'이라는 말이 나오는 문제에서 최소 횟수인 0으로 해결할 수 있는 문제가 아니라는 판단이 선다면 그다음 최소 횟수인 1로 가능한지를 생각한다. 그리고 나서 '겹치기'나 '늘어놓기' 등 다양한 발상을 떠올리다 보면 모양이 같지 않더라도 면적이 같으면 된다는 점까지 생각이 미칠 것이다.

바다사자가 물속에서 머리를 내미는 순간에 맞춰 수족관의 조련사가 각설탕을 입으로 옮겨 바다사자 입속에 넣어주었다. 그러자 그것을 본 관람객 한 명이 "그런 것쯤이야 내가 더 잘할 수 있지."라고 말하고는 실제로 아주 잘 해냈다. 이 남성은 이제까지 한 번도 해본 적이 없다고 하는데 어떻게 가능했을까?

남자는 '그런 것쯤이야 바다사자보다 자신이 더 잘할 수 있다'며 바다사자 흉내를 냈고, 그렇게 조련사로부터 각설탕을 입으로 받았던 것이다.

[**해설**] 이 문제는 이 책에 실린 전체 문제 중에서 쉬운 문제에 속하는데 무난하게 정답을 맞혔는가? 이는 상식에 매이면 절대 풀 수 없는 문제다.

PUZZLE 034

연필 한 자루와 종이만 가지고 직선을 그리려면 종이를 접어 가장자리 부분을 자처럼 이용하면 된다. 그렇다면 이 종이로 포물선을 그리려면 어떻게 해야 할까?

종이를 구겨서 던지면 된다.

[**해설**] 연필에 연연하면 영원히 풀지 못하는 문제다. 엄밀히 말하면 진공 중에 던진 물체는 모두 포물선을 그리며 운동한다. 공기 중에서도 역시 비슷한 곡선을 얻을 수 있다. 그야말로 '抛(던질 포)'물선이다.

3장

'논리사고'로
문제의 이면을 공략하라

논리가 감춰진 사각지대, 이것을 꿰뚫어 보지 못하면 수수께끼는 점점 더 미궁으로 빠져든다. 말도 안 되는 현상이나 도저히 불가능한 일이 일어나는 것처럼 보일 때는 현실 세계를 떠올리며 비교해보자. 그러면 거기에서는 분명 그럼직한, 의외로 당연한 것이 숨은 함정을 틀림없이 발견할 수 있을 것이다.

PUZZLE 035

100개 팀이 출전하는 야구 토너먼트 전에서 우승 팀을 가리려면 시합을 최소 몇 번 해야 하는가?

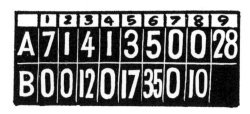

answer 035

99번.

한 시합 당 한 팀이 떨어진다. 이때 우승 팀이란 나머지 99개 팀이 져서 떨어졌을 때 결정되는 것이니 우승 팀을 가리려면 당연히 99번 시합해야 한다.

[**해설**] 복잡해 보이는 문제도 시점을 바꾸면 이렇게 간단해진다. 물론 어떤 새로운 시점을 취할 것인가, 그 자체가 하나의 중요한 아이디어다. 여러분도 이 문제를 풀면서 적어도 새로운 시점을 취하는 방법에 대한 힌트 하나는 얻었을 것이다.

자동식 엘리베이터가 있는 10층짜리 아파트가 있다. 10층에 사는 주인 A군은 이따금씩 혼자서 외출을 하는데, 이상하게도 내려올 때는 꼭 엘리베이터를 이용하면서 올라갈 때는 이용하지 않는다. 그리고 올라갈 때는 언제나 1층 엘리베이터 근처에서 주위를 살펴보고 인기척이 없음을 확인한 뒤에 홀로 계단을 올라간다. 대체 A군은 왜 이런 기묘한 행동을 하는 것일까?

answer 036

A군은 어린아이라서 엘리베이터 안의 1층 버튼에는 손이 닿지만 10층 버튼에는 손이 닿지 않았다. 그리고 올라갈 때 주위를 둘러보는 이유는 버튼을 눌러줄 어른이 있는지를 확인하기 위해서였다.

[해설] '10층에 사는 주인'이라고 하면 어른이구나 하고 생각하게 된다. 이것이 첫 번째 함정이다. 두 번째 함정은 보통의 키를 가진 어른이라면 엘리베이터 버튼을 누르지 못한 경험이 없다는 점에 있다. 자신의 경험과 상식에 얽매이지 말고 항상 다양한 가능성을 생각할 수 있도록 두뇌의 유연성을 길러야 한다.

어느 때든 반드시 거짓말을 하는 비밀결사 '거짓말 클럽'의 멤버가 다른 사람 두 명과 함께 경찰에 용의자로 지목되었다. 경찰은 이들 중 누가 거짓말 클럽의 멤버인지 가려낼 수 없어 곤란에 처했다. 다음 세 사람 중에 그 멤버는 누구인가?

A : (취조관이 실수로 A의 진술을 놓쳤다.)

B : A는 지금 "저는 거짓말 클럽 멤버입니다."라고 자백했어요. 저 말입니까? 저는 물론 멤버가 아닙니다.

C : 아니요, A는 "저는 거짓말 클럽 멤버가 아닙니다."라고 말했어요. 저도 당연히 멤버가 아니고요.

answer ()37

B.

이유는 놓친 A의 발언을 추리하면 알 수 있다. 그가 만일 거짓말 클럽 멤버라면 거짓말을 할 테니 당연히 자신은 "멤버가 아니다."라고 말했을 것이다. 또 만일 그가 정말로 멤버가 아니라면 솔직하게 "나는 멤버가 아니다."라고 말했을 것이다. 즉, A는 어떤 경우든 "저는 멤버가 아닙니다."라고 말할 수밖에 없다. 따라서 거짓말을 한 사람은 B다.

[**해설**] 문제를 푸는 열쇠는 무엇보다 추리와 분석에 있다. 이 능력이 없는 사람이라면 이 문제를 풀기가 상당히 어려웠을 것이다.

PUZZLE 038

A 나라에서 국경을 넘어 B 나라로 간 S 중대 일행은 국경선에서 직각으로 100km가 되는 거리를 걸어서 하루 만에 민가에 도착했다. 그런데 그곳에 있던 노인 한 명이 이렇게 말했다. "나는 하루에도 몇 번씩이나 걸어서 국경을 넘어 A 나라와 이 집을 오갑니다." 노인이 보통의 다리 힘을 가졌다면 이것이 가능한 일일까?

answer 038

가능하다.

가령 A나라와 B나라는 국경의 위치가 그림과 같았다고 생각할 수 있다. 노인은 남쪽 방향으로 국경을 넘었던 것이다.

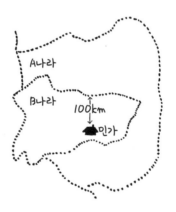

[해설] 다리가 튼튼하지도 않은 노인이 '하루에도 몇 번씩이나'라고 했으니 이것은 예삿일이 아니다. '트럭 위에서 걸었나?' 하는 발상이 나오는 것도 무리는 아니다. 그런데 더 나아가 '그 외에 지름길이 있지 않을까?' 하는 방향으로 생각을 돌리다 보면 이윽고 정답에 이르게 된다. 한편, 주어진 문제에 '국경과 직각으로'라고 분명하게 명시했음에도 '(중사들은) 국경을 따라 100km 걸었다'고 생각하는 사람이 의외로 많다고 한다.

각각 6분과 8분을 잴 수 있는 모래시계가 한 개씩 있다. 이 두 개의 모래시계를 사용해서 10분을 재려고 한다. 어떻게 해야 할까? 모래가 떨어지는 속도는 거꾸로 했을 때도 똑같으며, 뒤집는 데 걸리는 시간은 무시한다.

answer 039

두 개를 동시에 재기 시작해서 6분짜리 모래시계의 경우 다 떨어지면 곧바로 뒤집는다. 그리고 이어서 8분짜리 모래시계가 다 떨어지면 6분짜리 모래시계를 바로 다시 뒤집는다. 그러면 그것은 2분짜리 모래시계가 된다. 이렇게 8분짜리 시계와 2분짜리 시계로 10분의 시간을 잴 수 있다.

[해설] 핵심은 2분간 떨어진 모래를 다시 뒤집어서 2분을 측정하는 데 사용한다는 점이다. 이렇게 버려진 것을 살려서 활용하는 쪽으로 생각을 돌리기란 어려운 일이다. 해결 방법은 이 밖에도 더 있으니 잘 생각해보자.

어떤 곳에 세 집이 공유하는 정원이 있는데, 각 집의 부인들이 나서서 손질하기로 했다. 이때 A 부인은 5일, B 부인은 4일 일해서 모두 손질을 마쳤는데 C 부인은 임신 중이라 일을 하지 못하고 대신 9만 원을 지불했다. A와 B는 이 돈을 어떻게 나눠 가져야 할까?

answer 040

A는 6만 원, B는 3만 원.

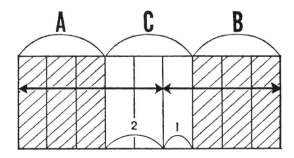

[해설] 여기서 A가 5만 원, B가 4만 원이라는 단순한 답은 나올 수 없다. 두 사람은 총 9일 동안 일을 했는데, 이 중에서 3일씩은 원래 각자가 일을 해야 하는 몫이었기에 당연히 무보수로 일해야 한다. 그러면 A는 5-3=2, B는 4-3=1일분씩 C의 몫을 일해 준 셈이 된다. 따라서 9만 원은 C가 일했어야 할 부분을 두 사람이 분담한 비율로 나눠야 하므로 A는 6만 원, B는 3만 원을 가져야 한다. 여기에서 C는 전혀 일하지 않았으므로 두 사람의 몫과는 관계가 없을 것 같지만, C가 일했다고 가정해야 한다는 점이 이 문제의 함정이다. 그림처럼 나타내보면 쉽게 알 수 있다.

배경은 1930년대 열차 칸. 점잖은 두 부인이 마주 앉았다. 서로 아는 사이인 것 같은데 대화는 오가지 않는다. 이윽고 열차가 터널에 들어 갔다. 그런데 터널에서 나왔을 때 바람의 방향 탓인지 한 사람의 얼 굴은 그을음으로 새까매졌는데 다른 한 사람의 얼굴은 전혀 더럽혀 지지 않았다. 그런데 얼굴을 씻으러 간 쪽은 오히려 얼굴이 깨끗한 여 성이었다. 정작 그을음으로 새까맣게 더러워진 여성은 아무것도 모 르는 눈치다. 두 사람의 이상한 행동을 어떻게 설명할 수 있을까?

answer 041

상대가 더럽혀진 것을 본 여성은 자신의 얼굴도 그렇게 되었으리라고 생각해서 씻으러 가고, 더럽혀지지 않은 상대를 본 여성은 자신도 더럽지 않을 거라고 생각했기 때문이다.

> **[해설]** 수수께끼 풀이는 먼저 주어진 조건을 잘 분석하는 것에서 시작해야 한다. 여기에서는 '대화는 오가지 않는다'는 부분이 힌트다.

도연이네 집의 화장실 벽에는 속담이 적힌 달력이 있다. 그래서 도연이의 남매 중 오빠 동우는 속담 시험에서 항상 좋은 점수를 받는다. 그런데 같은 시험을 보는 여동생 도연이는 점수가 영 안 나온다. 왜일까? 덧붙이자면 도연이네 집 화장실은 하나뿐이다.

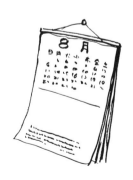

answer 042

도연이네 집 화장실은 좌변기인데, 달력이 그림과 같은 위치에 있기 때문이다.

[해설] 습관이 된 행동은 오히려 잘 알아채지 못하는 경우가 많다. 이 문제가 전형적인 예다. 조금만 시점을 바꿔보면 일상생활에서 새로운 아이디어를 발굴할 수 있다.

사랑이는 근시가 심하다. 그런데 오늘 시력검사에서는 좌우 모두 2.0이라는 검사 결과를 받을 자신이 있다고 했다. 시력검사에 사용되는 시력표를 완전히 외웠기 때문이다. 그런데 정작 검사를 시작하자 사랑이는 중대한 실수를 했음을 깨달았다. 중대한 실수란 무엇일까? 물론 시력표가 바뀌지는 않았다.

answer 043

사랑이는 시력표를 가리키는 지시봉 끝이 보이지 않았다.

[**해설**] 시험공부나 입사시험 등에 진지하게 임했는데 아주 작은 실수로 노력이 헛되이 된 경험을 한 적이 있을 것이다. 앞으로 나아가는 것도 중요하지만 주위를 둘러보는 여유도 매우 중요하다.

어느 나라에 독재정치를 하는 왕이 있는데, 그는 새로운 것을 좋아하는 사람으로 무엇이든 나라에서 가장 먼저 손에 넣어야 직성이 풀렸다. 또 자기 혼자만 먼저 즐기고자 국민에게 '내가 새로운 물건을 사면 그 후로 한 달 동안은 누구도 절대 같은 물건을 사서는 안 된다'는 공고를 냈다. 그런데 자동차, 세탁기, 냉장고 등 모든 전자 제품을 그렇게 했는데, 딱 한 가지만큼은 자신이 구입한 뒤 곧바로 타인에게도 꼭 사라며 권했다고 한다. 그 전자 기기는 무엇일까?

전화.

자동차, 세탁기, 냉장고 등과 달리 전화는 상대방이 가지고 있지 않으면 자신도 사용할 수가 없다. 전화란 당연히 이를 통해 이야기하는 사람이 많을수록 즐길 수 있는 법이다.

[해설] 전자 제품을 혼자서 즐기려던 왕이 이번에는 다른 사람과 함께 즐기고 싶어 했다. 혼자서만 즐길 수 없는 전자 기기에는 무엇이 있을까 하고 생각해보면 답은 나오게 되어 있다.

여기에 크기가 같은 문이 두 개 있다. 양쪽 문 모두 열고서 손을 놓으면 자동으로 닫히는 형태의 문이다. 그런데 김 박사가 이 두 개의 문을 관찰하고 이상한 점을 발견했다. 한쪽 문은 문고리를 잡을 때 사람들이 오른손이나 왼손으로 잡는데, 다른 쪽 문의 문고리는 대부분의 사람이 왼손으로 잡는다는 사실이었다. 이때 문의 문고리는 양쪽 다 문을 바라봤을 때 똑같이 오른쪽 위치에 있다. 무슨 까닭일까?

answer 045

한쪽 문은 당겨서 열고, 한쪽 문은 밀어서 열도록 되어 있었기 때문이다. 밀어서 여는 문은 문고리를 어느 쪽 손으로 잡든 밀고 들어갈 수 있다. 하지만 당겨서 여는 문은 오른손으로 열 경우 왼쪽으로 당기게 되어 진행 방향이 가로막히기 때문에 처음부터 왼손으로 잡지 않으면 수월하게 문 안으로 들어가기가 어렵다.

[해설] 우리가 아무렇지 않게 하는 행동을 잘 생각해보면 다양한 규칙을 발견할 수 있다. 이런 행동을 과학적으로 생각하는 것이 심리학의 첫걸음이다.

PUZZLE 046

한 남자가 어느 시기가 되면 다음 날 비가 올지 여부를 100% 확률로 맞힐 수 있다고 한다. 대체 어떤 이유에서일까? 그 남성이 있는 곳은 매일 세찬 소나기가 오는 지역도, 거의 비가 오지 않는 사막과 같은 지역도 아니다.

answer 046

이 남자가 있는 곳은 아주 춥고 눈이 많이 내리는 지역이라 겨울 동안
에는 눈이 올지언정 비는 오지 않았다. 그렇기에 '비는 오지 않는다'
고 말하면 절대 틀릴 확률이 없다.

[해설] 비가 오는지 오지 않는지를 문제시했을 때 비가 전혀 오지
않는, 눈이 많은 지역을 연상한 사람은 수준급 실력자다.

PUZZLE 047

1분

주변 해류의 흐름이 거세서 배로는 가기 힘든 무인도가 있었다. 그런데 구조대가 헬리콥터를 타고 그 섬으로 가서 조사해본 결과 3년 전 행방불명되었던 배가 그 섬에 표류해 있을 가능성을 찾아냈다. 그런데 헬리콥터를 타고 상공에서 사람을 1명 발견한 대원은 그 사람에게 아무것도 묻지 않은 채 '이 섬에는 적어도 사람이 2명 더 있을 가능성이 있다'고 무선으로 보고했다. 대체 어떤 이유에서였을까?

발견된 사람은 활기차게 기어 다니는 아기였다. 따라서 아이의 부모
가 있을 것이라고 판단한 것이다.

[**해설**] 주어진 문제에서 '적어도'라는 말에 주목해야 한다. 발견된
사람 1명과 관련된 최소 두 사람의 존재, 더 있을지도 모르지만 '적어
도 2명이 더 있다'는 말에서 자연히 하나의 가족을 연상할 수 있다.

PUZZLE 048

30초

X시에서는, 두 개의 간선도로 확장 계획을 세웠다. 먼저 혼잡도가 높은 쪽부터 공사에 착수하기 위해 특정 지점의 주행 차량 수를 조사했다. 그 결과, A도로는 1시간에 1,000대, B도로는 1시간에 100대라는 수치가 나왔다. 그런데 이 결과를 토대로 X시에서는 먼저 B도로부터 확장 공사에 들어갔다. 무슨 이유 때문일까?

B 도로는 정체가 심해서 자동차가 거의 통과하지 못했던 것이다.

[**해설**]   정체로 발이 묶인 경험이 있다면 이 문제는 쉽게 풀었을 것
이다. 당신은 일상에서 얻은 경험을 문제 해결에 잘 활용하고 있는가?

PUZZLE 049

초등학생인 지윤이가 신문을 보면서 "1억과 1억 1천만은 1억 1천만이 이긴다. 2억과 1억은 2억이 이긴다. 1억 1천만과 1천만 2백은 1천만 2백이 이긴다."라고 말했다. 지윤이는 무슨 이야기를 하는 것일까?

야구 점수.

야구 점수표의 1부터 9까지의 숫자는 야구 경기의 1회부터 9회까지의 경기를 뜻한다. 즉, A, C, E는 각 회 초, B, D, F는 각 회 말 경기를 뜻하는데, 지윤이는 이것을 자릿수로 인식하고 보았다. 즉, 야구 경기의 1회를 억 단위, 2회를 천만 단위라 생각하며 신문에 실린 점수표의 숫자를 본 것이다. 다른 것보다 자릿수가 적은 1천만 2백은 후발 공격 팀이 앞서 나가고 있어서 9회 말을 치를 필요 없이 경기가 끝난 경우다.

	1	2	3	4	5	6	7	8	9
A	1	1	0	0	0	0	0	0	0
B	1	0	0	0	0	0	0	0	0

	1	2	3	4	5	6	7	8	9
C	2	0	0	0	0	0	0	0	0
D	1	0	0	0	0	0	0	0	0

	1	2	3	4	5	6	7	8	9
E	1	1	0	0	0	0	0	0	0
F	1	0	0	0	0	2	0	0	X

[해설] 지식은 풍부할수록 좋지만, 추리에 방해가 될 때도 많다.

PUZZLE 050

1분

10만 원에 들여온 비즈니스 정장을 15만 원에 팔았다. 그런데 구매자가 '단추가 떨어져 있다'고 항의를 해서 구매자에게 불편을 끼친 것 등을 감안하여 다시 정장을 돌려받고 16만 원을 환불해주었다. 이후 단추를 다시 달아서 손을 보는 데 1만 원이 들었고, 바지와 재킷을 각각 9만 원씩 따로따로 팔았다. 결국 얼마가 이득일까? 아니면 얼마나 손해를 봤을까?

answer 050

6만 원 이익이다. 10만 원에 들여와서 15만 원에 팔았으니 일단 5만 원 이익. 다음에 16만 원에 들여온 것에 경비를 1만 원 들인 뒤 18만 원에 팔았으니 1만 원 이익. 합계 6만 원 이익을 남긴 셈이다.

그럭저럭 남는군⋯.

히죽

[**해설**] 같은 정장이 팔리고 다시 되돌아왔다고 생각하면 혼란스러워져서 출제자가 의도한 대로 끌려가게 된다. 이럴 때는 회계학의 사고를 이용해서 실제로 같은 정장이라도 각각의 상품이라 생각하자.

4장

'구체사고'로
두뇌의 활성화를 도모한다

머릿속으로 생각하는 작업은 추상적인 세계를 떠돌다가 말 우려가
다분히 있다. 이런 생각하는 작업에는 상상력이 필요한데, 만일 어려
운 문제에 맞닥뜨렸다면 상상한 내용을 구체적인 이미지로 완전히
바꿔보자. 현실에서 '이런 경우라면 이렇게' 등 가능한 한 상상을 구
체적으로 그려보면 두뇌가 활성화되어 무심코 놓친 것을 찾아낼 수
있다.

PUZZLE 051

소윤 씨는 친구가 둘 있는데, A동네에는 A라는 친구가 있고, B동네에는 B라는 친구가 있다. 일이 끝나는 시간은 대중없지만, 끝나는 대로 곧장 역으로 달려가서 어느 한쪽 친구네 동네로 간다. 이때 A동네로 가는 전차와 B동네로 가는 전차는 모두 같은 승강장에서 10분 간격으로 출발한다. 그래서 소윤 씨는 승강장에서 먼저 오는 전차를 타기로 정했다. 그런데 이렇게 하면 분명히 A와 B를 같은 횟수만큼 만나게 될 줄 알았는데, 실제로 10번 중에 9번이나 A를 만나러 가는 상황이 되었다. 왜일까?

answer 051

전차 운행표가 A동네로 가는 전차가 출발한 지 1분 뒤에 B동네로 가는 전차가 출발하도록 편성되어 있었다고 볼 수 있다. 따라서 불규칙하게 역으로 갔다고 해도 A전차를 기다리게 될 확률이 훨씬 높다. 왜냐하면 A동네로 가는 전차가 떠난 후 B동네로 가는 전차가 도착할 때까지는 1분이라는 시간밖에 없지만, B동네로 가는 전차가 떠난 후 A동네로 가는 전차가 올 때까지는 9분이라는 시간이 있기 때문이다.

[해설] 우리 주변에는 항상 귀중한 문제를 제공하는 소재가 많이 있다. 그런데 그런 사례를 종종 접하면서도 아무런 문제의식 없이 대하는 경우가 아주 많다. 일상에서 문제를 제기하는 습관을 길러보자.

PUZZLE 052

조커를 뺀 카드 52장이 한 묶음인 트럼프가 있다. 이 52장을 잘 섞어서 26장씩 두 묶음(A, B)으로 나눈다. 이때 A묶음의 검은색 카드 매수와 B묶음의 빨간색 카드 매수가 같아지는 일은 천 번에 몇 번 정도 일어날까?

answer 052

천 번이면 천 번. 즉 항상 똑같이 나온다.

왜냐하면 빨간색 카드와 검은색 카드는 각각 26장씩인데, A묶음 속의 빨간색 카드는 A묶음 속에 들어온 검은색 카드의 매수만큼 26장에서 부족하다. 물론 이 부족분은 B묶음 속에 들어가 있다. 따라서 A묶음 속의 검은색 카드와 B묶음 속의 빨간색 카드는 당연히 매수가 일치한다.

> **[해설]** 이 문제는 확률 문제로 착각하기 쉽도록 일부러 겉치레에 공을 들였다. '카드를 잘 나누어' '천 번 중 몇 번 정도' 등의 표현은 모두 확률을 연상하게 만드는 장치다. 당신은 이 함정에 빠지지 않고 문제를 풀었는가?

PUZZLE 052

이 페이지에는 중대한 오류가 세 가지 있다. 그것은 무엇인가?

answer 053

먼저 문항 번호는 52가 아니라 53이 되어야 맞다. 다음으로 '오류가 세 개'라고 했지만 오류는 세 개가 아니라 두 개이다. 즉 오류가 세 가지 있다는 말이 오류인 것이다.

[해설] 탐정소설에서는 탐정을 범인으로 설정하는 것을 꺼린다. 수수께끼에서도 문제 번호나 문제 내용 그 자체를 문제의 소재로 삼았을 거라고 생각하기란 좀처럼 쉽지 않다. 이 문제는 그러한 부분의 심리적 함정을 노렸다. 가령 "무릇 진실을 제대로 이야기해주는 말이란 있을 수 없다."라고 무척 자랑스러운 얼굴로 말한 사람이 있다고 치자. 하지만 그 말이 뜻하는 바가 자신이 한 그 말 자체에도 적용되면 어떻게 될지까지 생각하지 못했다면 이 말을 한 사람은 아주 우스운 꼴이 될 것이다.

정사면체의 한쪽을 평면으로 자르면 단면이 정사각형이 된다. 어떻게 자르면 될까?

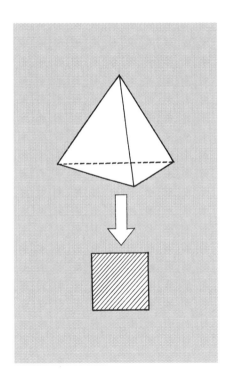

answer 054

다음 그림과 같이 변의 중심을 이은 면으로 자르면 된다. 같은 방법으로 정육면체를 두 번째 그림과 같이 자르면 단면이 육각형이 된다. 이것은 결정학(결정의 구조 및 결정의 물리적·화학적 성질을 연구하는 학문-역주) 교과서에도 실린 사례로, 이 두 가지 사례 모두 절단했을 때 생기는 조각의 모양이 각기 똑같아진다는 점에 주목하기 바란다.

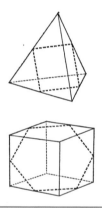

[해설] 입체 속에서 평면을 다루는 문제로, 난이도가 상당히 높다. 이 문제를 풀기 위해서는 입체 속에 평면이 어떻게 포함되어 있는지, 평면이 입체와 어떻게 연계되는지 등 커다란 사고의 전환이 필요하다. 일단 입체도형을 떠올리고, 이것을 삼차원으로 생각할 때 입체도형의 어느 부분을 연결하면 편평한 면이 생기는가, 즉 먼저 평면을 만드는 최소한의 점 세 개를 찾는 것부터 시작하면 된다.

구약성경에 따르면 세계 최초의 위기는 노아의 홍수였다. 그런데 현대에는 핵 물질로 인해 또다시 인류 멸망의 위기에 처해 있다.

다음 내용은 지구 최후의 날에 대한 공상 이야기다. 지구 최후의 남자가 책상에 앉아 유서를 쓰고 있었다. 그런데 갑자기 뒷문을 두드리는 소리가 났다. 유령? 우주인? 동물? 전부 다 아니었다. 바람이나 돌, 무생물이 일으킨 소리는 더더욱 아니었다. 그가 지구 최후의 남자라는 것도 틀림없는 사실이다. 소리의 주인은 무엇일까?

answer 055

문을 두드린 것은 여자였다.

남자가 최후의 1인이라고 생각하기 쉽지만 여자가 멸종되었다는 내용은 없다. 따라서 이 소리의 주인은 여자라고 생각할 수 있다.

[**해설**] 종종 있는 일이지만 '남자', 특히 영어로 'man'이 인류를 대표하는 대명사 격으로 사용되는 일이 있다. 그래서 이 문제와 같은 수수께끼가 탄생하게 된 것이다. 가령 이 문제에서 지구 최후의 '여자'라고 제시했다면 답은 의외로 쉽게 나왔을지도 모른다.

자살을 결심한 A씨는 밤에 유서를 들고 고속도로로 가서 돌진하는 두 개의 헤드라이트 한가운데로 뛰어들었다. 그런데 눈을 감은 순간 차는 지나가버렸다. 분명 차의 정면에 서 있었는데 차가 몸속을 통과한 것일까? 눈을 뜬 A씨는 고속도로 위에 서서 어리둥절해하고 있다. 이것이 있을 수 있는 일인가?

돌진한 헤드라이트 두 개는 바로 오토바이 두 대였다. 따라서 오토
바이가 A씨의 양옆으로 빠져나갔다고 볼 수 있다.

[**해설**] 거꾸로 이런 사례도 있다. 오토바이로 생각되는 헤드라이트
한 개가 돌진해오는데 자살하려던 A씨는 이 정도로는 죽지 못할 거
라며 옆으로 피했다. 그런데 헤드라이트가 지나간 순간 A씨는 바라
던 대로 세상을 떠났다. 사실 헤드라이트 한쪽이 꺼진 트럭이었던 것
이다. 참고로 헤드라이트 한쪽이 고장난 상태로 운전하는 것은 위험
하기에 도로교통법 등에서 엄격히 금지한다.

그림과 같은 나선형 주차장에 화재가 나서 대혼란이 빚어졌다. 사람들은 서로 먼저 자신의 자동차를 빼려고 떠밀었다. 그런데 나선의 한 가운데에 주차한 차가 주차장에서 가장 빨리 밖으로 나올 수 있었다. 이게 가능한 일일까?

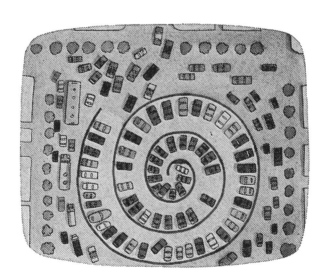

answer 057

가능하다. 나선형 차고는 그림과 같은 모양이었기 때문이다.

[해설] '만일의 경우에 대비한 비상구가 가장 안쪽에 설계되어 있었기 때문이다' '그 차의 운전수가 화재를 가장 빨리 발견했기 때문이다' '다른 차에는 모두 운전수가 없었기 때문이다' 등은 다소 궁색해 보이지만 충분히 나올 수 있는 답이다. 그에 반해 '다른 차가 전부 불에 탔기에 이 차가 가장 빨리 나올 수 있었다'는 답은 파괴적인 사고라 해야 하지 않을까?

회사원 현준 씨는 휴가 중인 부장에게 보고할 것이 있어 부장의 집에 전화를 했다. 그런데 통화 중이었다. 현준 씨는 "아, 통화 지겹게도 오래 하네. 천하태평인 부장 놈." 하고 외쳤다. 그런데 겨우 전화가 연결되자 갑자기 부장은 "이보게, 나는 천하태평인 부장 아닐세." 하고 말했다. 이것이 있을 수 있는 일인가?

가능하다. 현준 씨가 부장의 집으로 전화를 하고 있을 때 옆자리 A씨가 부장과 통화를 하고 있었던 것이다. 그러니 통화 중이었던 것은 당연하다. 그런데 그것도 모르고 현준 씨는 부장의 집으로 전화를 하다가 큰 소리로 부장 욕을 내뱉었으니 A씨의 수화기를 통해서 부장 귀에까지 들린 것이다.

[해설] 이 문제를 대학생들에게 풀게 했더니 '현준 씨가 평소 태평한 부장이라고 한 것을 부장이 알고 있었다' '전화가 고장났다' '있을 수 없다'는 답이 가장 많았다. 그 밖에 '그 전화와 부장님 댁 전화는 한 개의 선으로 같이 쓰는 전화였다' '옆에 도청기가 있었고 그것이 부장님 댁으로 연결되어 있었다' 등 추리 마니아 같은 답도 나왔다. 또한 '이야기 도중에 부장이 전화를 끊으면 자동으로 통화가 연결되어서 소리가 들렸다'는 답도 있었지만 전화 구조상으로 볼 때 이것은 말이 되지 않는다.

그림과 같이 칸막이로 나뉜 삼각형 상자가 있는데 각 칸 안에 구슬이 한 개씩 들어 있다. 지금 이 구슬 3개가 모두 중앙에 모여 있는데, 구슬에 손을 대지 않고 3개 모두 삼각형 모서리 끝(꼭짓점 부분)으로 옮기려면 어떻게 해야 할까? 단, 이 삼각형 상자는 평평한 곳 위에 두어야 한다.

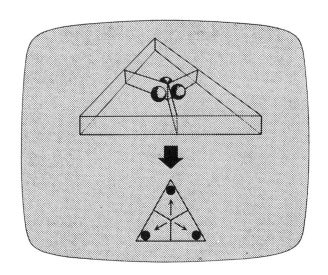

answer 059

중앙부(세 칸이 맞닿은 부분)를 중심으로 상자 전체를 둥글게 회전시킨다. 그러면 구슬은 원심력에 따라 전부 각각의 꼭짓점 부분으로 이동한다.

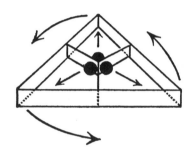

[해설] 문제에 철로 된 구슬이라는 언급이 없었음에도 '자석을 이용해 안쪽에서 모서리 쪽으로 움직인다'는 오답이 상당수 있었다. 다음으로는 그냥 단순히 '돌린다'는 답이 많았다. 이것을 정답에 포함해야 할지 고민했는데, 가령 이 상자를 손에 들고 돌린다면 평평함을 유지할 수 없기에 구슬 3개를 전부 꼭짓점으로 보내기란 절대 불가능하므로 일단 정답에서 빼기로 했다. 한편 뚜껑이 닫히지 않은 경우에 한해서이지만 '중심부를 강하게 후 하고 불기'도 정답이 될 수 있다. 이 문제는 구슬이 4개 든 홍콩제 장난감을 가지고 만든 문제다.

영국의 명마 스피디호가 한국으로 왔다. 배로 인천항에 도착한 후 화물열차로 이동하여 부산으로 보낼 계획이다. 만일에 대비해서 경호원 세 사람이 같은 차량에 올라탔다. 그런데 열차가 부산에 도착해서 보니 명마는 이미 도둑맞고 없었다. 경호원은 줄곧 말 옆을 지켰는데 대체 어찌된 일일까?

명마 스피디호는 경호원과 함께 차량 통째로 도둑맞았다. 이것은 필경 큰 범죄 조직의 소행으로, 그들은 열차의 화물칸을 분리해냈다.

[**해설**] 대학생의 답 중에는 '경호원이 훔쳤다'는 답이 압도적으로 많았다. 경호원의 신용이 바닥이었던 것이다. 그 밖에 '발송지에서 누군가가 말을 바꿔치기했다' '경호원이 실수로 다른 말을 지켰다' '경호원이 옆에 있었지만 훔쳐가는 것을 보고만 있었다' 등 다채로운 답이 많이 나왔다. 정답은 미국의 스파이 영화나 갱 영화에 종종 등장하는 속임수인데, 실제로 영화보다 더 큰 규모의 강도 사건이 일어날지는 아무도 모를 일이다.

전차를 타고 A에서 B로 여행을 하는 도중 C에 들렀다. 그곳에서 열차 운행표를 보니 첫 차부터 마지막 차까지 B발 A행은 20분 간격으로, A발 B행은 30분 간격으로 전차가 있었다. 이때 이 노선은 분리되지 않으며, 통과 열차나 회송 열차도 없다. 이것만 보면 차량은 결국전부 A쪽에 적체될 것 같은데 실제로는 그렇지 않았다. 어째서일까?

A행은 4량, B행은 6량으로만 편성되어 있기 때문이다.

> **[해설]** 차량의 편성 대수를 바꾸면 차량 수의 편향이 발생하지 않는다는 사실은 단순한 논리지만 A행, B행이 항상 4량, 6량으로 한쪽에 치우치게 구성됨을 깨닫기란 꽤 어려울 것이다. 현실 감각이나 현실의 상황보다 논리를 우선시해야 할 문제다.

C역은 현 지점의 북쪽에, B역은 현 지점의 남쪽에 있다. 그럼에도 표지에는 C역이 현 지점의 동쪽에, B역이 서쪽에 있다고 되어 있다. 있을 수 있는 일인가?

있을 수 있다. 그림처럼 역이나 길을 안내하고 있다면 당연히 있을 법한 이야기다.

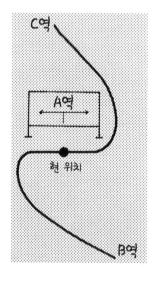

[**해설**] 머리가 잘 돌아가는 사람이란 글자나 단순한 도형을 보고 나름대로의 그림(이미지)을 빨리 그릴 수 있는 사람이다. 이 문제를 푸는 데 몇 초가 걸렸는지를 기준으로 두뇌 회전이 얼마나 빠른가를 판단할 수 있다.

1분

스포츠 기자가 마라톤 대회 사진을 보면서 설명하고 있다.

"이 선수가 1위로 달리는 선수고 5미터 뒤가 2위를 달리는 선수, 그리고 1위와 2위의 선수 사이에 있는 사람이 4위를 달리는 선수고, 2위로 달리는 선수의 바로 뒤가 3위를 달리는 선수입니다."

이 순위가 사진을 찍은 시점에서의 순위라고 한다면, 대체 어떻게 된 상황일까? 단, 여기서 4위를 한 선수는 트랙 한 바퀴가 뒤처진 상태는 아니다.

answer 063

그림과 같이 1, 2, 3위를 달리는 선수는 반환점을 돌아서 방향을 꺾은 직후였고, 4위를 한 선수는 아직 반환점을 향해 가던 중에 찍힌 사진이다.

[해설] 순위를 열거한 문제 내용을 보고, 달리는 방향이 반대인 선수가 있을지도 모른다고 생각할 수 있는 사람은 대단한 사람이다. 부디 언어의 속임수에 넘어가지 않기를 바란다.

수연이는 친구에게 다음과 같은 메시지를 남겼다. 메시지를 완성하기 위해 빈칸에 들어갈 가장 획수가 적은 한자는 무엇인가? 각각의 한자들을 합치면 하나의 단어가 된다.

日

空

鳥

□

answer 064

二.

수연이가 친구에게 보내는 메시지는 1052, 즉 'love'이다. 빈칸에 들어갈 한자는 2와 같은 음을 가진 한자이되 가장 획수가 적은 二다. 즉, 빈칸에 들어갈 한자까지 모두 합해 제시된 한자의 음을 읽어 숫자로 바꾸면 1052다. 이 숫자는 다음과 같은 방식으로 love를 뜻한다.

日 → 1 → 같은 모양의 알파벳으로 바꾸면 L의 소문자 l

空 → 0 → 같은 모양의 알파벳으로 바꾸면 o

鳥 → 5 → 같은 뜻의 로마숫자로 바꾸면 v

二 → 2 → 같은 음의 알파벳으로 바꾸면 e

【해설】 한자의 음을 읽고 숫자로 바꾼 후 다른 알파벳이나 로마숫자로 바꿔볼 수 있는 사고의 전환이 필요한 문제다.

제한 중량 직전까지 짐을 한가득 실은 대형 트럭이 주행 중 어느 틈엔가 제한 중량을 초과하고 말았다. 도중에 새로운 물건을 실은 것도, 사람이 더 탄 것도 아닌데, 과연 무슨 까닭일까?

answer 065

이 대형 트럭은 폭설 지대를 달리고 있었고 차 위에 많은 눈이 쌓였기 때문이다.

[해설] 산더미같이 쌓인 눈은 그 무게로 집 지붕까지 무너뜨리는 일이 있다. 당신은 사고의 폭을 자연현상으로 확장해서 풀었는가?

30초

등산을 간 사람의 이야기에 따르면, 왼쪽 그림과 같이 등고선이 그려진 A산과 B산 중에서는 A산이 완만해서 더 오르기 쉽다고 한다. 과연 그럴 수 있을까? 이 지도에 잘못된 부분은 없다.

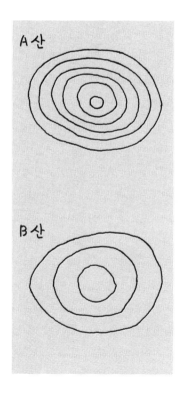

A산

B산

answer 066

그럴 수 있다. 그림과 같은 형태의 산이었기 때문이다.

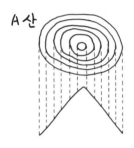

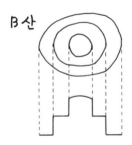

[**해설**] 등고선이 밀집한 곳을 경사가 급한 지형으로 생각했다면 여기까지는 학교 수업 시간에 나오는 발상이다. 여기에서 한발 더 깊이 들어가야 기존 발상을 초월할 수 있다.

150

PUZZLE 067

20초

지팡이를 들고 걷는 시각장애인에게는 길을 비켜주는 것이 당연한 매
너다. 그런데 시각장애인은 아니지만 지팡이를 들고 다소 의지할 곳
이 없는 듯 걸으며 배려가 필요해 보이는 사람은 누구일까? 이 사람
은 건장한 청년이다.

answer 067

지팡이를 수십 개나 들고 무거운 듯 나르고 있는 업자.

【 해설 】 한 개만 있을 때는 가볍고 부피도 적지만, 그것이 대량일 때는 정반대의 성질, 즉 무겁고 부피가 큰 성질을 지니게 된다. 그런 일상의 함정을 노린 문제다.

5장

'단축사고'로
의외의 해결법을 찾는다

어려운 문제란, 푸는 사람이 스스로 어렵게 몰고 갈 때가 많다. 일단 어렵다는 생각이 들면 그 덫에 빠져서 발버둥 치면 칠수록 덫이 죄어와 풀기가 더욱 어려워진다. 그럴 때는 일단 상식적인 접근에서 탈피하여 지름길이 있는지, 불필요한 절차는 없는지 생각해본다. 어려운 문제일수록 의외로 해결법은 간단하기 마련이다.

PUZZLE 068

3분

젊은 여성이 유괴되었다. 최단 거리를 이용해 여성을 구하려면 어떻게 가야 할까?

answer 068

그림과 같이 한다.

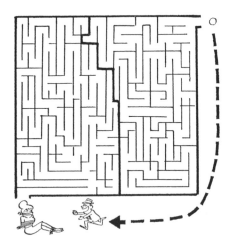

> **[해설]** 이것은 미로의 문제라기보다 좋은 길을 찾는 문제다. 문자 그대로 '틀에 갇힌 사고'로는 풀 수 없는 문제다. 처음부터 담 바깥쪽 길을 생각할 수 있는 사람은 거의 없을 것이다. 그러나 이를 생각하지 못해도 괜찮다. 중요한 것은 아무리 봐도 길이 없어서 손을 놓고 싶을 때 포기하느냐 마느냐에 있다. '필요는 발명의 어머니'라는 말이 있는데, 피상적인 방법으로 해결되지 않을 때 어느 순간 기상천외한 아이디어가 떠오른다.

다음 그림처럼 흰 바둑알과 검은 바둑알을 각각 4개씩 늘어놓고, 바로 옆에 나란히 있는 돌을 두 개씩 그대로 평행이동해서 흑백이 번갈아 놓이도록 만들려면 그림의 화살표처럼 네 번 움직여야 한다. 이때 다음 두 문제를 해결하라.

(1) 바둑알이 3개씩 놓여 있는 경우, 이동 세 번 만에 흑백이 번갈아 놓이도록 하려면 어떻게 해야 할까?

(2) 바둑알이 2개씩 놓여 있는 경우, 이동 두 번 만에 흑백이 번갈아 놓이도록 하려면 어떻게 해야 할까?

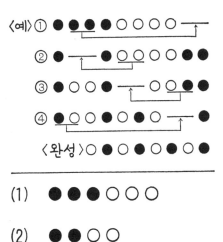

answer 069

다음 그림처럼 하면 된다. 같은 평행이동이라고 해도 (2)의 경우는 예시나 (1)과 같이 가로로 이동하는 것만으로는 해결할 수 없다. 세로로 이동하지 않고는 풀 수 없다는 점이 핵심이다.

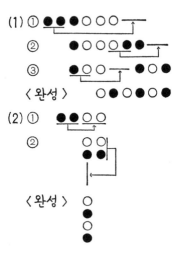

[해설] (1)은 예시의 응용문제에 불과하지만 (2)는 기존의 방법론만으로는 풀리지 않음을 알 수 있다. 그럴 때는 거꾸로, 옆으로 혹은 세로 방향으로 등 다양한 사고법을 적용해 시도하는 것이 중요하다. 이러한 사고는 머릿속에 새로운 회로를 추가하는 두뇌 자극제 역할을 할 것이다.

정사각형 모양의 땅이 있는데 직선 2개를 사용해서 같은 모양, 같은 크기로 4등분하려고 한다. 한 예로 그림과 같이 나눌 수 있다. 이 밖에 몇 가지 방법이 더 있을까?

answer 070

그림과 같은 방법을 포함해 무수하다.

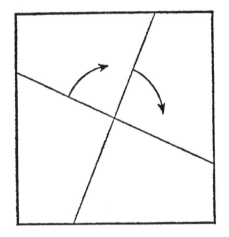

[**해설**] 정사각형의 중심에 직각으로 교차하는 두 개의 직선을 그대로 회전시키면 어느 지점에서든 합동인 도형이 4개 나온다. 별것 아닌 듯하지만, 각 변의 어중간한 부분을 기준으로 구획을 나눈다는 발상으로 시선을 돌리기란 쉽지 않다.

PUZZLE 071

여기에 주사위의 눈 3과 6이 늘어서 있다. 언뜻 보면 무작위로 놓은 것 같지만 사실은 어떤 법칙이 있다. 가장 마지막 칸에는 A, B, C 중 무엇이 올까? 추리해보기 바란다.

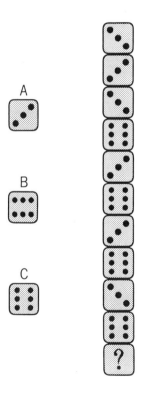

answer 071

C.

주사위의 왼쪽 가장자리를 살펴보자. 주사위의 경계를 구분하지 않고 연속되는 눈을 세로로 보았을 때, 눈이 위에서부터 ●, ●●, ●●●, ●●●●, ●●●●● 순으로 늘어서 있다. 그래서 물음표 바로 전에 나오는 연속된 눈이 ●●●라는 점에서 물음표 자리에 C의 눈 ●●●가 오리라는 것을 추리할 수 있다.

> **[해설]** 이런 문제에 부딪히면 각각의 주사위 내에서 법칙을 찾아내려 하기 쉽다. 그러나 두뇌의 정글 속에서는 어떤 예상 밖의 해답이 나올지 모른다. 주사위 여러 개에 걸친 연속된 눈이라는 시점을 발견하면 답은 쉽게 도출된다.

그림과 같이 성냥개비 3개로 만든 삼각형이 하나 있다. 여기에 성냥개비 한 개를 더 사용해서 그림과 완전히 똑같은 삼각형을 2개 만들려고 한다. 어떻게 해야 할까?

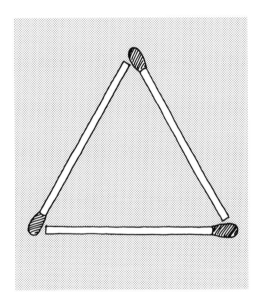

answer 072

성냥개비로 눈꺼풀 윗부분을 누르면 삼각형이 흐트러지면서 2개로 보인다.

[**해설**] 정면에서 접근했는데 풀리지 않았다면 차츰 다른 차원에서 접근하자. 이 경우 평면상에서 똑같은 삼각형을 만들 수 없다는 것은 누가 봐도 명백하다.

그림처럼 바닥이 직각삼각형인 호랑이 우리가 있다. 그런데 같은 우리에 표범을 한 마리 들이게 되어서 우리를 두 개로 나눠야 한다. 가장 불필요한 공간 없이, 그리고 우리의 넓이를 똑같이 하려면 어떻게 해야 할까?

15m

12m

9m

answer 073

위아래로 나누면 된다.

[**해설**] 평면사고에서 입체사고로 순식간에 도약할 수 있었는가?

PUZZLE 074

2분

다음 세 개의 빈칸에는 모두 같은 문자가 들어간다. 무슨 문자일까?

□ 는
□
□ 의 천 배 다

167

answer 074

m.

즉, 'm(미터)는 mm(밀리미터)의 천 배다'가 된다.

여기에 정삼각형 모양의 판이 있다. 이 판을 잘라서 정사각형을 4개 만들려고 하는데, 최소 몇 번 자르면 될까? 단, 판은 직선으로만 자를 수 있다.

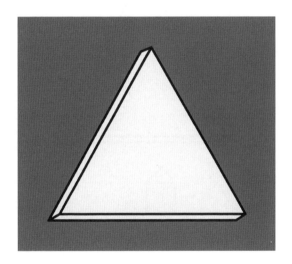

answer 075

1번.

그림처럼 한 변이 판의 두께와 같은 길이의 정삼각형이 되도록 모서리 부분을 잘라내면 정사각형이 4개 생긴다.

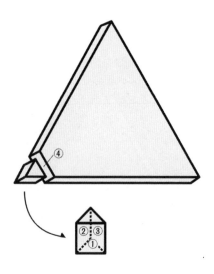

[해설] 정삼각형 모양의 판이라고 하면 흔히 평면도형으로 의식한다. 하지만 판 형태인 이상 반드시 두께가 존재하는 법이다. 그 두께를 활용하는 것은 현실에서도 얼마든지 있음 직한 일이다.

유원이는 다음 그림처럼 모양이 바뀌는 무언가를 매일 본다고 한다.
이것은 과연 무엇일까? 참고로 이것은 아주 가까이에서 볼 수 있는
것이라고 한다.

answer 076

원통 모양의 컵에 담긴 음료를 위에서 내려다본 표면 모양이다. 컵을
기울여 음료를 마심에 따라 모양도 점점 바뀐다.

[**해설**] 이것도 경험을 바탕으로 풀 수 있는 문제다. 이런 문제를 푸
는 것은 현실에서 일어나는 현상을 평소 얼마나 주의 깊게 관찰하느
냐에 달려 있다.

정사각형을 그림처럼 4조각으로 잘랐다. 이것을 다시 조합하여 크기
가 다른 정사각형 2개를 동시에 만들어보라.

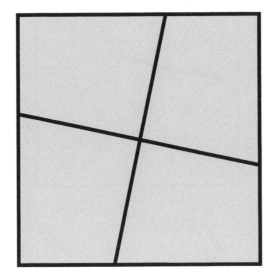

그림처럼 배치하면 가장자리의 큰 정사각형과 중심에 새로 생긴 작은 정사각형까지 정사각형이 총 2개가 된다.

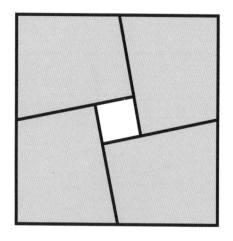

[**해설**] 실제로 종잇조각을 잘라서 옮겨 놓아보면 단번에 해결되겠지만, 사고력의 향상을 위해서는 머릿속으로 떠올리며 조합해보기 바란다.

이 직업을 가진 사람은, 넥타이를 사면 한가운데를 가위로 한 번 자른 후 실로 이어 붙여서 착용한다고 한다. 이렇게 번거로운 방법으로 넥타이를 매는 사람은 어떤 직업을 가진 사람일까?

answer 078

경호원 등 직업상 격투할 가능성이 있는 사람들. 이런 방식으로 넥타이를 매면 상대에게 넥타이를 잡혀도 실이 쉽게 뜯어져서 목 졸림을 당할 우려가 없다.

[해설] 이것은 실제 이야기다. 이런 문제를 풀 때는 유연한 사고로 극복하는 것이 중요하다. 영화나 드라마 속의 형사를 꼭 관찰해보기를 바란다. 이렇게까지 세세한 것에 신경을 쓰는 감독이나 연출가가 있다면 그는 관찰하는 눈이 매우 날카로운 사람일 것이다.

소연 씨는 그림처럼 길이가 다른 진주목걸이를 2개 가지고 있다. 어느 날 그녀는 남들 눈에 목걸이 두 개가 같은 길이로 보이도록 목에 걸었다. 대체 어떻게 했을까? 그녀는 긴 목걸이의 진주를 짧은 목걸이로 옮겨 끼우지 않았으며, 목걸이의 잠금쇠조차 풀지 않았다.

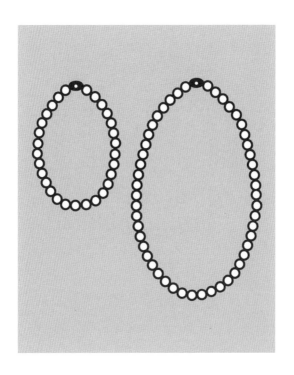

answer 079

목걸이 2개를 그림과 같이 연결했다. 즉 잠금쇠를 풀지 않은 상태에서 짧은 목걸이 위에 긴 목걸이를 살짝 겹쳐놓고, 긴 목걸이 안에 들어와 있는 짧은 목걸이의 부분과 나머지 짧은 목걸이 부분을 함께 들어 링 형태로 만든다. 긴 목걸이도 두 겹이 되도록 잡아당기면 그림과 같이 연결된다.

【해설】 길이가 다른 고리 형태의 끈 등을 이용해서 직접 연결 방법을 찾아보려 하지 말고 상상을 동원해 이것저것 시도해보면 입체사고와 공간지각력을 키울 수 있다.

그림 1과 같이 10원짜리 동전이 9개 놓여 있다. 이것을 그림 2와 같이 바꾸려고 하는데, 만질 수 있는 동전은 2개뿐이다. 단, 다른 방향에서 보는 것은 안 되며, 되도록 간단한 방법으로 바꾸려고 한다. 어떻게 해야 할까?

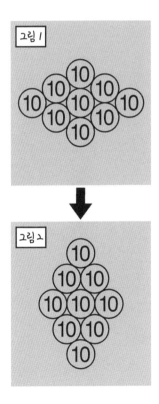

answer 080

그림과 같이 좌우에 있는 동전을 천천히 가운데로 밀어 넣는다.

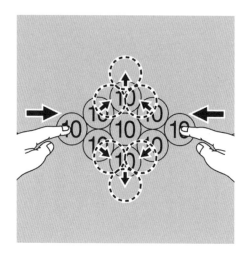

[해설] 위치를 옮겨서 풀려고 했다면 당신은 동전 문제의 고정관념에 사로잡혀 있는 것이다. 과거에 풀었던 동전 문제와 같은 패턴처럼 보인다 해도 방심은 금물이다.

국진이가 흰색 말, 민지가 검은색 말로 오델로 게임(일본에서 만든 보드 게임으로, 위아래 색이 서로 다른 말을 사용한다. 판 중앙에 각각의 말을 2개씩 두고 시작하며 흑, 백을 번갈아 둔다. 자신의 말이 상대의 말을 가로, 세로, 대각선으로 포위하면 상대의 말을 뒤집어서 자신의 색으로 바꾸는데 최종적으로 자신의 말 색깔이 많이 남으면 승리하는 게임이다-역주)을 하고 있다. 두 사람이 잠시 쉬는 틈에 은지가 오델로 판을 보니, 그림과 같은 상황이 되어 있었다. 이들이 통상의 규칙대로 게임을 하고 있었다면, 먼저 말을 둔 사람, 즉 선수(先手)는 국진이와 민지 중 누구인가?

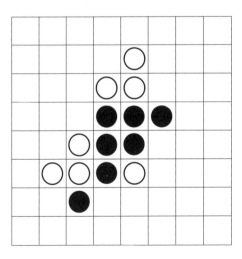

answer 081

흰색 말인 국진이가 선수다. 지금 흰색 말을 둔 직후라면 '지금 둔 흰 말'과 '포위하기 위한 반대쪽 흰 말', 그리고 '사이에 낀 검은 말이 뒤집혀서 생긴 흰 말', 이렇게 적어도 3개의 흰 말이 연속해서 일렬로 늘어서 있는 부분이 있어야 하는데, 여기서는 보이지 않는다. 즉 이 오델로 판에서는 검은 말을 마지막으로 두었으며 이제 흰 말의 차례다. 그리고 오델로는 맨 처음 판 위에 말을 4개 놓고 시작하므로 먼저 말을 둔 사람의 차례에는 판 위의 돌이 짝수, 후수의 차례에는 홀수가 된다. 그런데 지금 판 위의 돌은 짝수인 14개이므로 이번에는 선수(先 手)가 둘 차례다. 이와 같은 두 가지 이유로 선수는 흰색 말을 두는 국진이다. (단, 실제 규칙에서는 검은 말을 선수로 한다).

> **[해설]** 실제 장면을 떠올려서 논리적으로 계속 따지면 정답에 이르는 전형적인 문제다.

세화 씨네 집 금고는 20자릿수나 되는 비밀번호를 입력하게 되어 있다. 그리고 2회 연속 입력을 잘못하면 경보기가 울린다. 그런데 지나치게 걱정이 많은 세화 씨는 이조차도 불안해서 한 번이라도 틀리면 경보가 울리도록 설정하고 싶었지만 프로그램을 변경하는 것은 상당히 손이 가는 일이었다. 그래서 세화 씨는 어떤 간단한 방법으로 금고의 안전성을 높였는데, 그것은 과연 어떤 방법일까? 물론 도구는 일절 사용하지 않았다.

미리 한 번 잘못된 번호를 입력해두었다. 그래서 이 금고는 비밀번호 입력 시 1회만 틀려도 경보가 울리는 상태가 되었다.

[해설] 이 문제는 특수한 예지만, 실제로 작은 발상의 전환이 큰 효과를 가져온 사례는 얼마든지 있다. 창조적인 발상이라 하면 무언가 대단한 것을 상상해서 준비하려는 경향이 있는데, 이와 같이 큰 변화를 가져오는 사소한 발상이야말로 무엇보다 중요하다.

2분

그림처럼 반지름이 1m인 원이 4개 붙어 있다. 이때 회색 부분의 면적은 얼마나 될까? 원주율을 사용하지 말고 계산해보라.

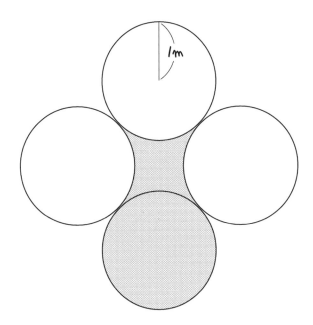

1m

answer 083

$4m^2$

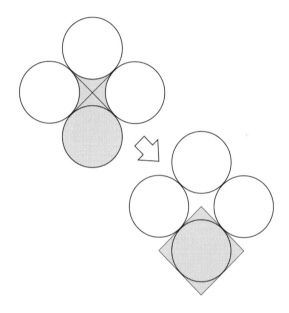

> **[해설]** 원 4개에 둘러싸인 가운데 부분과 원을 합치면 한 변이 2m 인 정사각형이 된다는 것을 찾아내느냐가 정답의 방향을 결정짓는 갈림길이다.

그림에서 가장 바깥쪽 정사각형의 면적은 가장 안쪽 정사각형 면적의
몇 배인가?

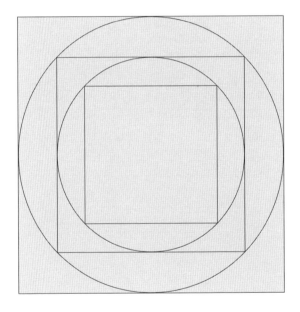

answer 084

4배.

그림과 같이 정사각형을 회전시켜 보면 알 수 있다.

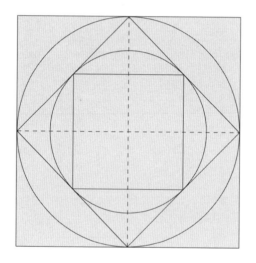

[**해설**] 아주 조금만 생각을 바꾸면 정답의 실마리를 발견할 수 있는 것이 도형 문제의 특징이다. 문제를 많이 풀어보면서 직관력을 키우기 바란다.

6장

'변환사고'로
고정관념을 깨자

사람은 자유롭게 생각하는 것 같으면서도 '상식'이라는 일정한 틀을 벗어나지 못할 때가 많다. 물론 상식은 보통 사람이 착실한 생활을 하기 위해 꼭 필요한 규칙이다. 하지만 그 상식이 고정관념이 되면 자유로운 발상을 막는다. 그렇기에 특히 어려운 문제에 직면했을 때는 알고 있던 상식도 의심해서 다시 생각해보는 등 고정관념을 깨야 한다.

유속이 시간당 1km인 강을 거슬러 오르는 배 위에서, 12시를 알리는 신호와 동시에 한 승객이 모자를 강에 빠뜨렸다. 즉시 사공에게 되돌아가자고 했지만, 사공이 그 말을 들었을 때 배는 이미 모자로부터 100m 상류에 위치해 있었다. 그제야 곧장 배를 돌려 모자를 쫓았다면, 모자를 따라잡는 것은 12시 몇 분인가? 참고로 이 배는 흐르지 않는 물 위에서 분당 20m의 속도로 이동한다.

12시 10분.

생각하기에 따라 아주 간단한 문제가 될 수 있다. 즉, 강의 흐름은 배와 모자에 항상 일정한 방향과 속도로 영향을 준다. 그렇다면 강의 흐름은 완전히 무시하고 흐르지 않는 물 위에 있는 것과 마찬가지라고 생각하면 된다. 다시 말해, 모자는 떨어진 지점에 정지해 있고, 배가 분속 20m로 100m를 나아갔다가 다시 100m를 되돌아온 셈이된다. 이렇게 총 200m를 분속 20m로 달리면 10분이 걸리므로 답은 12시 10분이다.

[해설] 흐르는 강 위에서 일어난 사건이다. 상식으로 접근하면, 강의 흐름을 구체적으로 떠올리고 그것을 전제로 복잡한 계산만 생각난다. 이럴 때는 반드시 추상적 사고를 동원해야 한다. 이런 사고는 움직이는 것끼리의 관계 등을 생각할 때 강점을 발휘한다.

어느 동물원에 사람을 열심히 따라 하는 원숭이가 있다. 사람이 구경하러 오면 마치 거울 놀이를 하듯 손짓 발짓을 하며 잘도 따라 한다. 한번은 어떤 사람이 그 원숭이 앞으로 가서 오른손으로 턱을 만지니 원숭이는 곧바로 왼손으로 턱을 문질렀다. 또 왼쪽 눈을 감으면 바로 오른쪽을 감고, 눈을 뜨면 따라서 떴다.

그때 사육사가 와서 "이들이 시도해도 절대 원숭이가 따라 하지 못하도록 만들 수 있는 아주 간단한 방법이 있다. 아니, 원숭이뿐 아니라 인간도, 이것만은 똑같이 따라 할 수 없을 것이다."라고 말했다. 그것은 무엇일까?

answer 086

양쪽 눈을 감은 뒤 하는 동작.

양쪽 눈을 감으면 원숭이도 양쪽 눈을 감는다. 하지만 눈을 감은 뒤 눈을 다시 뜨거나 팔을 들어 올리는 등의 다른 동작은 원숭이가 이쪽이 어떤 행동을 하는지 볼 수 없으니 절대 따라 할 수가 없다. 문제에도 눈을 감고 뜨는 것에 대한 내용이 있지만, 그것은 한쪽 눈만 감은 것이었기에 관람객을 볼 수 있었다.

【해설】 '따라 하기'라는 행위는 상대의 동작이 보일 때 비로소 성립한다. 그것을 인식하면 쉽게 답을 찾을 수 있다.

PUZZLE 087

파리의 한 가이드가 '반드시 에펠탑이 보이는 곳으로 안내해달라'는 관광객을 데리고 여기저기 다니다가 더는 어느 쪽을 봐도 에펠탑이 보이지 않는 곳에 오게 되었다. 관광객이 "약속과 다르잖아요. 이런 교외까지 나오다니!"라고 하자 가이드는 웃으면서 "그게 무슨 말씀 이세요?"라고 말했다. 이유는 무엇일까?

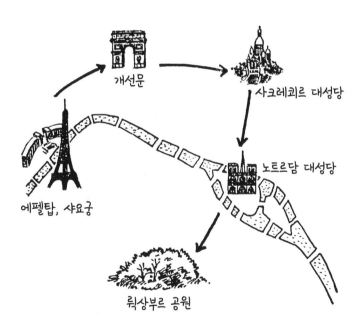

그들이 있는 곳은 교외가 아닌 에펠탑의 바로 아래였기 때문에 에펠탑이 보이지 않았다. '에펠탑을 싫어하는 사람은 에펠탑으로 가라'는 말이 있을 정도로 에펠탑은 파리 시내 어느 곳에서나 잘 보인다. 하지만 에펠탑의 밑이나 에펠탑 안에서는 에펠탑의 모습을 볼 수 없다.

[**해설**] 실제로 프랑스 작가 모파상은 에펠탑을 '파리의 수치' '흉물스런 해골'이라 혹평하면서, 매일 에펠탑 1층의 레스토랑에 가곤 했는데, 그 이유가 "파리 시내에서 에펠탑이 안 보이는 유일한 장소이기 때문."이라고 말했다고 한다.

PUZZLE 088   5분

안드로메다 은행에 30만 원을 3년 맡기면 이자가 3만 원, 카시오페이
아 은행에 40만 원을 4년 맡기면 이자가 4만 원이라고 한다. 그럼 10
만 원을 1년 맡기려고 한다면 어느 은행에 맡기는 편이 더 이익일까?

answer 088

안드로메다 은행.

[해설] '같다'라고 답하는 단순한 금전 감각을 가진 사람은, 이 살기 힘든 세상에서 절대로 부자가 될 수 없다. 30만 원을 3년 맡기면 3만 원을 주는 안드로메다 은행에 40만 원을 맡긴다면 3년에 4만 원을 줄 것이다. 한편 카시오페이아 은행에서는 40만 원에 4만 원을 주는 데 4년이 걸리므로 안드로메다 은행 쪽 이율이 더 높다. 계산해보면 이율은 각각 3.23%와 2.41%로, 안드로메다 은행이 0.82% 높다. 따라서 10만 원을 1년 동안 안드로메다 은행에 맡긴다면 카시오페이아 은행에 맡기는 것보다 이익을 약 800원 더 많이 얻을 수 있다.

그림과 같이 성냥개비로 정사각형을 4개 만들었다. 이 성냥개비 중 1개만 움직여서 정사각형을 5개 만들어보라.

answer 089

다음 그림과 같이 움직이면 된다. 이렇게 하면 한가운데에 작은 정사각형이 생긴다.

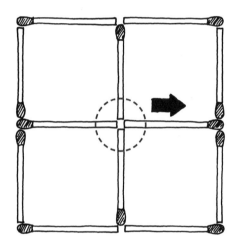

[해설] 정사각형이라고 반드시 성냥개비 4개에 둘러싸여야 한다는 법은 없다. 크기의 제한도 없으니 발상을 자유롭게 펼치기 바란다.

세 명의 친구 A, B, C가 공동출자로 복권을 샀는데, 운이 좋게도 1억 원에 당첨되었다. 그런데 나누려다 보니, 세 사람 모두 나머지 둘보다 적게 받기는 싫고, 셋 이외의 다른 사람에게는 10원짜리 하나도 줄 수 없다며 옥신각신하게 되었다. 이들은 이 돈을 공평하게 3등분할 수 있을까?

answer 090

은행 혹은 우체국에 맡겨서 3으로 나누어서 떨어지는 금액이 될 때까지 이자를 받은 후 나누면 된다.

[해설] 출자금을 합해서 3등분하면 된다고 생각했을지 모르지만, 그렇게 하면 계산이 성립하지 않는다. 이 문제에서는 1억 원을 어떻게든 늘리는 것이 유일한 해결책이다.

고재현 박사는 '방의 벽을 청소하는 로봇'을 발명했다. 네 면이 10m 인 방의 네 모퉁이 구석에 로봇을 놓고, 로봇 A의 스위치를 켜면 벽을 따라 청소를 하며 10m 나아가서 B의 스위치를 켜고 A 자신은 정지 한다. 이런 방식으로 B, C, D가 계속 움직이는 원리다. 이때 로봇이 벽을 3회 청소해야 청소가 끝난다고 하자. 만약 10m 나아가는 데 30초가 걸린다면 청소가 끝날 때까지 얼마나 걸릴까? 단, 스위치를 켜는 시간은 고려하지 않는다.

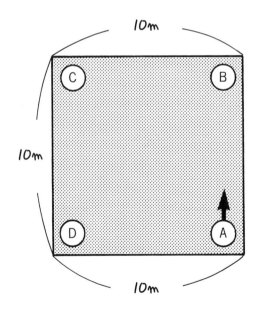

answer 091

청소는 끝나지 않는다.

D가 10m 나아갔을 때 그 자리에는 A가 없기 때문에 방을 1회밖에
청소하지 못한다.

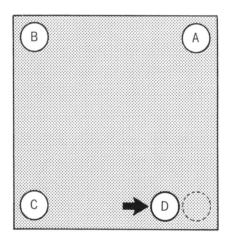

[**해설**] 당신은 숫자에만 신경 쓴 나머지 원칙은 고려하지 않고 계
산부터 시작했는가? 아니면 계산에 들어가기 전 잠시 멈춰 다시 생
각했는가?

지금부터 그림 속의 세 사람 A, B, C가 이동을 한다. 가장 먼 거리를
이동하는 것은 누구일까?

answer 092

C.

그림과 같이 페이지를 넘겼을 때 인물 C가 가장 긴 거리를 움직이게
된다.

[해설] 도달 목표가 없는 이동이란 무엇인가, 그것을 자신에게 집
요하게 되묻다보면 '책장 넘기기'라는 해결책이 보일 것이다.

칠판에 정사각형을 그려놓았다. 이것을 가장 간단한 방법으로 100만 분의 1 넓이의 정사각형으로 만들려면 어떻게 해야 할까? 단, 자나 컴퍼스는 사용하지 않는다.

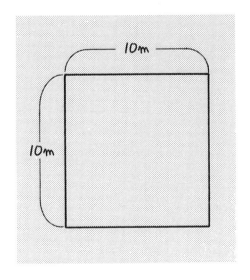

answer 093

그림과 같이 '10m'의 '0'의 일부를 지워서 'C'로 만들면 넓이가 100만 분의 1이 된다.

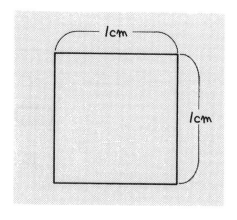

> **[해설]** 주어진 정사각형을 100만 분의 1 넓이의 정사각형으로 만 든다는 것은 곧 한 변이 1cm인 정사각형을 만드는 것이다.

"동전을 2개 던져서 서로 같은 면이 나오면 내가 이긴 것, 서로 다른 면이 나오면 당신이 이긴 것이다."라는 말은 공정하다. 그런데 여기에 성냥개비 4개가 있다. 이 중에서 2개는 머리 부분이 회색이고, 나머지 2개는 검은색이다. 이 머리 부분을 가리고 잘 섞어서 성냥개비 4개 중 2개만 뽑아라. 이때 만일 그 2개의 머리색이 서로 같은 색, 즉 '회색과 회색'이거나 '검은색과 검은색'이 나온다면 당신이 이긴 것이고, 반대로 서로 다른 색, 즉 회색과 검은색이 나오면 내가 이긴 것이라고 한다면, 이것은 공정한 내기일까?

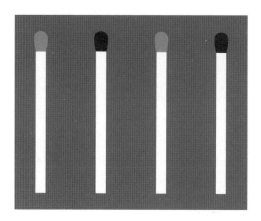

answer 094

공정하지 않다.

성냥개비의 조합은 6가지가 나오는데, 같은 색이 나오는 경우는 그림과 같이 두 번밖에 없으므로 당신이 이길 확률은 3분의 1뿐이다.

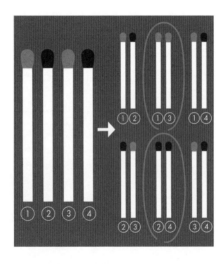

[해설] 동전 2개를 던졌을 때 서로 같은 면과 다른 면이 나올 비율은 2:2로 동률이다. 성냥개비의 경우 역시 이것과 같다고 생각하기 쉬운데 그런 때는 정확히 분석해 따져 보면 다르다는 것을 확실히 알 수 있다.

텔레비전 드라마의 한 장면을 촬영하고 있다. 아침 해가 드는 방에서 시계가 울린다. 아직 잠에서 덜 깬 듯한 회사원 주인공이 알람을 끄면서 시계를 보고는 "앗, 벌써 시간이 이렇게 되었네." 하고 허둥지둥 회사로 나간다…. 그런데 이 장면이 조금 어색하다는 의견이 나왔다. 특별히 이른 아침에 나갈 필요가 있는 것도 아니고, 출퇴근 시간이 일정한 회사로 설정되어 있는데 무엇이 어색하다는 것일까?

answer 095

일정한 시간에 출근하는 회사원이 허둥지둥 나가야만 하는 시간에
알람이 울리도록 맞춰 놓았다는 사실이 부자연스럽다.

> **[해설]** 아무렇지 않게 그냥 지나친 장면이지만 현실에 적용해보면
> 말이 안 된다는 것을 알 수 있다. 이렇게 현실에 적용하는 사고는 단
> 순한 영감을 실현성 있는 '기획'으로 발전시키는 데 꼭 필요하다.

홀로 사는 기철 씨는 몇 번이나 빈집털이범에게 당해서 현관문에 특별한 장치를 해놓기로 했다. 그래서 그림과 같이 문지방에 튼튼한 쇠못을 박아 넣어 빈집털이범이 와도 절대 문이 열리지 않게 만들었다. 그런데 기철 씨는 이 쇠못을 빼지 않고도 쉽게 문을 열고 출입할 수 있다. 이 문에는 과연 어떤 장치가 되어 있는 것일까?

기철 씨는 미닫이문처럼 보이는 여닫이문을 만들었다. 옆으로 밀어서
여는 일반 미닫이문의 상식을 깬 것이다.

> **[해설]** 미닫이문이 걸리는 문지방의 홈 때문에 여닫이문처럼 다루
> 는 방법을 생각하지 않았을 수 있다. 하지만 문을 들어 올려 밀어 여
> 는 방식으로 변형해볼 수 있지 않겠는가? '거꾸로 해보는 발상'으로
> 문에 대한 고정관념을 타파하면 답이 보인다.

미리는 공원에 있는 가장 높은 철봉에 매달리고 싶어 했다. 하지만 점프를 해서 잡으려 해도 좀처럼 손이 닿지 않았다. 그렇게 맨 처음 도전했을 때도 안 됐고, 두 번째, 세 번째 도전했을 때도 안 되었다. 그런데 네 번째에 도전해보니 아주 쉽게 점프해서 잡을 수가 있었다고 한다. 그렇다고 도구를 사용한 것도 아니고 철봉의 높이가 바뀐 것도 아니다. 과연 어떻게 된 일일까?

answer 097

미리의 키가 자랐다. 세 번째와 네 번째 도전 사이에 1~2년이라는 시간이 흘러서 미리는 철봉을 잡을 수 있을 만큼 성장했던 것이다.

> **[해설]** 첫 번째, 두 번째…라는 것이 시간적으로 반드시 연속되어 있다는 보장은 없다. 이러한 말이 지니는 모호함이 문제의 함정이다.

그림과 같은 반원형 어묵이 한 토막 있다. 이것을 식칼로 잘라서 ☆ 모양을 만들려고 하는데, 색이 들어간 테두리로는 별의 뾰족한 부분을 만들지 않으려고 한다. 이때 최대한 크게 별 모양을 만들려면 어떻게 자르면 될까?

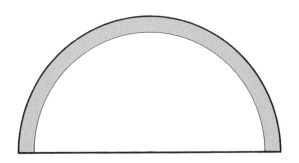

그림처럼 자르면 된다.

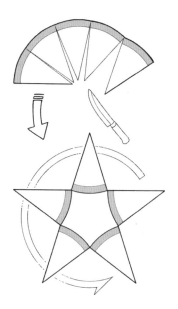

[해설] 한 단계 뛰어넘는 발상이 가능한지 그 능력을 시험하는 문제다. 생각이 어묵의 안쪽에 머물러 있다면 답에서 멀어질 뿐이다. '안'에서 '밖'으로 생각을 크게 확장하기 바란다.

어느 화가가 스케치북을 지그시 바라보다가 중얼거렸다. "배경에 있
는 달과 해를 없애면 어떤 유명한 도시가 되는데, 그게 어느 도시인지
알겠나?" 화가가 말하는 도시는 과연 어느 도시일까?

북경(北京).

'배경(背景)'이라는 글자에서 월(月)자과 일(日)자를 지우면 '북경(北京)'이 된다.

> **[해설]** 만약 화가와 스케치북이라는 단어에 얽매여 방향을 잘못 잡으면 정답에 이를 수 없다. 인간의 사고는 그때그때 상황과 배경에 쉽게 영향을 받는다. 무엇이 필요하고 무엇이 불필요한 정보인가를 정확히 분간할 줄 아는 것이 중요하다.

10초

이 문제는 되풀이해서 읽지 말고 한 번에 읽고 답하기 바란다. 당신은 노선버스 운전기사다. 아침 8시 30분, 공교롭게도 그날은 비가 왔다. 첫 번째 버스정류장에서 5명이 올라탔다. 다음 정류장에서는 1명이 내리고 4명이 탔다. 그다음 정류장에서는 타고 내린 사람이 1명도 없었고, 그다음 정류장에서는 여고생과 부유해 보이는 초로의 신사가 올라탔다. 그리고 종점 직전의 정류장에서는 중학생 남자아이와 중년 부인이 타고 여고생이 내렸다. 그렇다면 버스 운전사의 이름은?

당연히 당신의 이름이다.

[해설] 맨 마지막에 독자를 혼란에 빠뜨리는 문제가 나왔다. 이와
같이 장대하고 복잡한 정보를 조건부로 주입하고 혼란에 빠뜨린 뒤
에 전혀 관계없는 사항을 질문하는 것은 심리 트릭의 상투적인 수법
이기도 하다.

옮긴이 **장은정**

한국방송통신대학교 일본학과를 졸업했으며 한국외국어대학교 국제지역대학원 일본학과를 수료했다. 현재 번역 에이전시 엔터스코리아 출판기획 및 일본어 전문 번역가로 활동하고 있다. 주요 역서로는《암산이 빨라지는 인도 수학》《수학 잘하는 창의 IQ 160 만들기》《커트라인을 넘는 실속 합격법》등 다수가 있다.

추리력 퍼즐
IQ148을 위한

1판 1쇄 펴낸 날 2016년 9월 30일
1판 2쇄 펴낸 날 2018년 1월 30일

지은이 | 다고 아키라(Tago Akira)
옮긴이 | 장은정

펴낸이 | 박윤태
펴낸곳 | 보누스
등 록 | 2001년 8월 17일 제313-2002-179호
주 소 | 서울시 마포구 동교로12안길 31(서교동 481-13)
전 화 | 02-333-3114
팩 스 | 02-3143-3254
E-mail | bonusbook@naver.com

ISBN 978-89-6494-269-7 04410

• 책값은 뒤표지에 있습니다.
• 이 도서의 국립중앙도서관 출판예정도서목록(CIP)은 서지정보유통지원시스템 홈페이지
 (http://seoji.nl.go.kr)와 국가자료공동목록시스템(http://www.nl.go.kr/kolisnet)에서 이용하실 수 있습니다.
 (CIP제어번호: CIP2016021096)